算法详解（卷4）
——NP-Hard问题算法

Algorithms Illuminated
Part 4: Algorithms for NP-Hard Problems

［美］蒂姆·拉夫加登（Tim Roughgarden）　著　　徐波　译

人民邮电出版社
北　京

图书在版编目（CIP）数据

算法详解. 卷4, NP-Hard问题算法 / （美）蒂姆·拉
夫加登（Tim Roughgarden）著；徐波译. -- 北京：人
民邮电出版社，2023.9
　ISBN 978-7-115-60912-0

　Ⅰ. ①算… Ⅱ. ①蒂… ②徐… Ⅲ. ①电子计算机—
算法理论 Ⅳ. ①TP301.6

中国国家版本馆CIP数据核字(2023)第012691号

◆ 著　　　　［美］蒂姆·拉夫加登（Tim Roughgarden）
　　译　　　　　徐　波
　　责任编辑　武晓燕
　　责任印制　王　郁　焦志炜
◆ 人民邮电出版社出版发行　　北京市丰台区成寿寺路 11 号
　　邮编　100164　　电子邮件　315@ptpress.com.cn
　　网址　https://www.ptpress.com.cn
　　涿州市京南印刷厂印刷
◆ 开本：720×960　1/16
　　印张：16　　　　　　　　　　2023 年 9 月第 1 版
　　字数：236 千字　　　　　　　2023 年 9 月河北第 1 次印刷
　　　　著作权合同登记号　图字：01-2020-7264 号

定价：79.80 元
读者服务热线：(010)81055410　印装质量热线：(010)81055316
反盗版热线：(010)81055315
广告经营许可证：京东市监广登字 20170147 号

内容提要

算法详解系列图书共有 4 卷，本书是第 4 卷，主要针对 NP-Hard 问题算法。全书共有 6 章，主要介绍了快速识别 NP-Hard 问题的方法和处理 NP 的算法工具。本书的每一章均有小测验、章末习题，这为读者的自我检查以及进一步学习提供了方便。

本书提供了丰富而实用的资料，能够帮助读者提升算法思维能力。本书适合计算机专业的高校教师和学生，想要培养和训练算法思维与计算思维的 IT 专业人士，以及正在准备面试的应聘者和面试官阅读参考。

前　言

本书是在我的在线算法课程基础之上编写的，是"算法详解"系列图书 4 卷中的第 4 卷。这个在线课程 2012 年起就定期发布，它建立在我在斯坦福大学讲授多年的本科课程的基础之上。在阅读本书之前，读者需要熟悉渐进性分析和大 O 表示法、图的搜索和最短路径算法、贪心算法和动态规划（以上内容在"算法详解"系列图书第 1～3 卷均有讲述）。

本书涵盖的内容

"算法详解"系列图书第 4 卷介绍了 NP-Hard 问题（后简称 NP 问题）以及相关的概念。

处理 NP 问题的算法工具

许多现实世界的问题都是 NP 问题，无法由"算法详解"系列图书前 3 卷所描述的始终快速且正确的算法所解决。当我们在工作中遇到 NP 问题时，必须在正确性或速度上做出妥协。我们将会看到实现"近似正确性"的快速启发式算法的旧技巧（例如贪心算法）和新技巧（例如局部搜索），及其在作业调度、社交网络的影响最大化和旅行商问题上的应用等。我们还将讨论开发明显快于穷举搜索的算法的旧技巧（例如动态规划）和新技巧（例如 MIT 和 SAT 解决程序）。这些技巧的应用包括旅行商问题、在生态网络中寻找信道通路以及美国的一家电视台在最近的一次高风险频谱拍卖中重新安置问题等。

识别 NP 问题

本书还将训练读者快速识别 NP 问题，使读者不至于浪费时间试图为这类问题设计一种过于美好但难以成真的算法。读者将熟悉许多著名且基本的 NP 问题，范围包括可满足性问题、图形着色问题和汉密尔顿路径问题等。通过实践，读者将会掌握通过转化证明 NP 问题的技能。

关于本书内容的更详细概述，可以阅读每章的本章要点，它对每一章的内容特别是那些重要的概念进行了总结。本书的后记的标题是算法设计实战指南，从大局上概述了如何把本书所讨论的话题应用于具体的算法场景。

书中带星号的章节是难度较高的章节。时间较为紧张的读者在第一遍阅读时可以跳过这些章节，这并不会影响本书阅读的连续性。

"算法详解"系列图书前三卷所涵盖的主题

"算法详解"系列图书的第 1 卷讨论了渐进性表示法（大 O 表示法以及相关表示法）、分治算法和主方法，随机化的 QuickSort 及其分析以及线性时间的选择算法。"算法详解"系列图书的第 2 卷重点讨论了数据结构（堆、平衡搜索树、散列表、布隆过滤器）、图形基本单元（宽度和深度优先的搜索、连通性、最短路径）以及它们的应用（从去除重复到社交网络分析）。"算法详解"系列图书的第 3 卷则重点讨论了贪心算法（调度、最小生成树、集群、哈夫曼编码）和动态规划算法（背包、序列对齐、最短路径、最佳搜索树）。

读者的收获

精通算法需要大量的时间和精力，那为什么要学习算法呢？

成为更优秀的程序员

读者将学习一些令人炫目的用于处理数据的高速程序以及一些实用的数据结构，它们用于组织数据，可以直接部署到自己的程序中。实现和使用这些算法将扩展并提高读者的编程技巧。读者还将学习基本的算法设计范式，它们与许多不同领域的不同问题密切相关，并且可以作为预测算法性能的工具。这些"算法设计模式"可以帮助读者为自己碰到的问题设计新算法。

加强分析技巧

读者将获得大量对算法进行描述和推导的实践机会。通过数学分析，读者将对"算法详解"系列图书所涵盖的特定算法和数据结构有深刻的理解。读者还将掌握一些广泛用于算法分析的实用数学技巧。

形成算法思维

在学习了算法之后，很难发现有什么地方没有它们的踪影。无论是坐电梯、观察鸟群，还是管理自己的投资组合，甚至是观察婴儿的认知，算法思维如影随形。算法思维在计算机科学之外的领域，包括生物学、统计学和经济学，越来越实用。

融入计算机科学家的圈子

研究算法就像是观看计算机科学最近 60 年发展的精彩剪辑。当读者参加一场计算机科学界的鸡尾酒会，会上有人讲了一个关于 Dijkstra 算法的笑话时，你就不会感觉自己被排除在这个圈子之外了。在阅读了本系列图书之后，读者将了解许多这方面的知识。

在技术访谈中脱颖而出

在过去这些年里，有很多学生向我讲述了"算法详解"系列图书是怎样帮助他们在技术访谈中大放异彩的。

其他算法教材

"算法详解"系列图书只有一个目标：尽可能以读者容易接受的方式介绍算法的基础知识。读者可以把本书看成专家级算法教师的课程记录，老师以课程的形式传道解惑。

市面上还有一些非常优秀的更为传统、全面的算法教材，它们都可以作为"算法详解"系列关于算法的其他细节、问题和主题的有益补充。我鼓励读者探索和寻找自己喜欢的其他教材。另外，还有一些图书的出发点有所不同，它们偏向于站在程序员的角度寻找一种特定编程语言的成熟算法实现。网络中存在大量免费的这类算法的实现。

本书的目标读者

"算法详解"系列图书以及作为其基础的在线课程的整体目标是尽可能地扩展读者群体的范围。学习我的在线课程的人具有不同的年龄、背景、生活方式，有大量来自全世界各个角落的学生（包括高中生、大学生等）、软件工程师（包括现在的和未来的）、科学家和专业人员。

本书并不是讨论编程的，理想情况下读者至少应该熟悉一种标准编程语言（例如 Java、Python、C、Scala、Haskell 等）并掌握了基本的编程技巧。如果读者想要提高自己的编程技巧，那么可以学习一些非常优秀的讲述基础编程的免费在线课程。

我们还会根据需要通过数学分析帮助读者理解算法为什么能够实现目标以及它是怎样实现目标的。Eric Lehman 和 Tom Leighton 关于计算机科学的数学知识的免费课程是极为优秀的，可以帮助读者复习数学记法（例如Σ和$\forall$）、数学证明的基础知识（归纳、悖论等）、离散概率等更多知识。

其他资源

"算法详解"系列图书的在线课程当前运行于 Coursera 和 EdX 平台。另外，还有一些资源可以帮助读者根据自己的意愿提升对在线课程的体验。

- 视频。如果读者觉得相比阅读文字，更喜欢听和看，那么可以在视频网站的视频播放列表中观看。这些视频涵盖了"算法详解"系列的所有主题。我希望它们能够激发读者学习算法的持续热情。当然，它们并不能完全取代书的作用。

- 小测验。读者怎么才能知道自己是否完全理解了本书所讨论的概念呢？散布于全书的小测验及其答案和详细解释就起到了这个作用。当读者阅读这块内容时，最好能够停下来认真思考，然后继续阅读接下来的内容。

- 章末习题。每章的末尾都有一些相对简单的问题，用于测试读者对该章内容的理解程度。另外，还有一些开放性的、难度更大的挑战题。

- 章末习题的答案（分别用（H）或（S）提示难度）在本书的最后。读者可以与我联系或者通过下面的论坛相互交流，对章末习题进行探讨。

- 编程题。有几章的最后是一个推荐的编程项目，其目的是通过创建自己的算法工作程序，来培养读者对算法的完全理解。读者可以在 algorithmsilluminated 网站上找到数据集、测试用例以及它们的答案。

- 论坛。在线课程能够取得成功的一个重要原因是它们为参与者提供了互相帮助的机会，读者可以通过论坛讨论课程材料和调试程序。本系列图书的读者也有同样的机会，可以通过 algorithmsilluminated 网站参与活动。

致　　谢

　　如果没有过去几年里我的算法课程中数以千计的参与者的热情和渴望，"算法详解"系列图书就不可能面世。我特别感谢那些为本书的早期草稿提供详细反馈的人：Tonya Blust、Yuan Cao、Leslie Damon、Tyler Dae Devlin、Roman Gafiteanu、Blanca Huergo、Jim Humelsine、Tim Kearns、Vladimir Kokshenev、Bayram Kuliyev、Clayton Wong、Lexin Ye 和 Daniel Zingaro。另外感谢提供技术建议的专家们：Amir Abboud、Vincent Conitzer、Christian Kroer、Aviad Rubinstein 和 Ilya Segal。

资源与支持

资源获取

本书提供如下资源：

- 本书思维导图；

- 异步社区 7 天 VIP 会员。

要获得以上资源，您可以扫描下方二维码，根据指引领取。

提交勘误

作者和编辑尽最大努力来确保书中内容的准确性，但难免会存在疏漏。欢迎您将发现的问题反馈给我们，帮助我们提升图书的质量。

当您发现错误时，请登录异步社区（https://www.epubit.com/），按书名搜索，进入本书页面，点击"发表勘误"，输入勘误信息，点击"提交勘误"按钮即可（见下图）。本书的作者和编辑会对您提交的勘误进行审核，确认并接受后，您将获赠异步社区的 100 积分。积分可用于在异步社区兑换优惠券、样书或奖品。

与我们联系

我们的联系邮箱是 contact@epubit.com.cn。

如果您对本书有任何疑问或建议，请您发邮件给我们，并请在邮件标题中注明本书书名，以便我们更高效地做出反馈。

如果您有兴趣出版图书、录制教学视频，或者参与图书翻译、技术审校等工作，可以发邮件给我们。

如果您所在的学校、培训机构或企业，想批量购买本书或异步社区出版的其他图书，也可以发邮件给我们。

如果您在网上发现有针对异步社区出品图书的各种形式的盗版行为，包括对图书全部或部分内容的非授权传播，请您将怀疑有侵权行为的链接发邮件给我们。您的这一举动是对作者权益的保护，也是我们持续为您提供有价值的内容的动力之源。

关于异步社区和异步图书

"异步社区"（www.epubit.com）是由人民邮电出版社创办的 IT 专业图书社区，于 2015 年 8 月上线运营，致力于优质内容的出版和分享，为读者提供高品质的学习内容，为作译者提供专业的出版服务，实现作者与读者在线交流互动，以及传统出版与数字出版的融合发展。

"异步图书"是异步社区策划出版的精品 IT 图书的品牌，依托于人民邮电出版社在计算机图书领域 30 余年的发展与积淀。异步图书面向 IT 行业以及各行业使用 IT 技术的用户。

目　　录

第 1 章 ⊂

什么是 NP 问题

　　大部分的算法入门图书，包括"算法详解"系列图书的第 1 卷到第 3 卷，都存在选择性偏向的问题。它们关注的是能够由精巧、快速的算法所解决的计算性问题。不管怎么说，还有什么比学习一种精妙的快速算法更有乐趣、更有成就感呢？好消息是许多基本的、实用的问题都可以归入这个范畴，包括排序、图的搜索、最短路径、哈夫曼编码、最小生成树、序列对齐等。但是，如果只介绍这些精心选择的问题而忽略那些让严肃的算法设计师和程序员深感头痛的计算性难题，无疑是不客观和不全面的。遗憾的是，有很多重要的计算性问题，包括在我们的项目中经常出现的一些问题，并不存在已知的快速算法。更糟的是，我们无法期待解决这些问题的算法能够在未来得到突破，因为它们已经被公认存在死结，无法由任何快速算法所解决。

　　意识到这个严峻的事实之后，我们很快就会想到两个问题。首先，当这类问题在我们的工作中出现时，怎么才能认识到它们的存在，以便相应地调整自己的期望值，避免花费大量的时间寻找注定是美梦泡影的算法呢？其次，如果这类问题对于我们的应用是非常重要的，我们应该如何调整自己的期望值，应该使用什么算法工具来实现它们呢？本书将提供这两个问题的详细答案。

1.1 MST 和 TSP：算法的难解之谜

高难度的计算性问题和容易解决的计算性问题看上去往往非常相似，对它们进行区分需要训练有素的敏锐目光。为了打好基础，我们首先回顾一个熟悉的老问题（最小生成树问题，MST），并把它与一个难度更大的相似问题（旅行商问题，TSP）进行比较。

1.1.1 最小生成树问题

可以由速度炫目的快速算法所解决的一个著名问题就是最小生成树（MST）问题（详见"算法详解"系列图书第 3 卷的第 3 章）。[①]

问题：最小生成树（MST）

输入：无向连通图 $G = (V, E)$，它的每条边 $e \in E$ 具有实数值的边成本 c_e。

输出：G 的一棵生成树 $T \subseteq E$，它具有最小的边成本之和 $\sum_{e \in T} c_e$。

对于图 $G = (V, E)$，如果它的每一对顶点 $v, w \in V$ 在图中都存在一条从 v 到 w 的路径，那么图 G 就是连通图。G 的生成树是边的一个子集 $T \subseteq E$，子图 (V, T) 既是连通图又是无环图。例如在图 1.1 中，最小生成树由边 (a, b)、(b, d) 和 (a, c) 组成，边的总成本为 7。

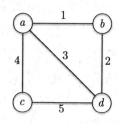

图 1.1　无向连通图

一个图具有指数级数量的生成树，因此除了那些很小的图之外，用穷举搜索法寻找最小生成树是不现实的。[②] 但是，MST 问题可以由

---

① 简单回顾一下图的概念。图 $G = (V, E)$ 由两个部分组成：顶点集 V 和边集 E。在无向图中，每条边 $e \in E$ 对应于一个无序的顶点对 $\{v, w\}$（写成 $e = (v, w)$ 或 $e = (w, v)$ 的形式）。在有向图中，每条边 (v, w) 是一个有序的顶点对，边的方向从 v 到 w。顶点和边的数量 $|V|$ 和 $|E|$ 通常分别由 n 和 m 表示。

② 例如，著名 Cayley 组合公式说明了一个 n 个顶点的完全图（所有可能的 $\binom{n}{2}$ 条边都存在）具有 n^{n-2} 棵不同的生成树。当 $n \geqslant 50$ 时，这个数字比已知宇宙中估计的原子数量还要大。

非常精妙的快速算法（例如 Prim 算法和 Kruskal 算法）解决。通过部署适当的数据结构（分别是堆和联合查找），这两种算法都能实现令人炫目的速度，运行时间能够达到 $O((m + n) \log n)$，其中 m 和 n 分别是输入图中边和顶点的数量。

1.1.2 旅行商问题

在"算法详解"系列图书第 1 卷到第 3 卷并没有出现但仍然在全书中占据重要地位的另一个著名问题就是旅行商问题（TSP）。它的定义几乎与 MST 问题相同，区别是在 TSP 中访问所有顶点的简单环路所构成的路线扮演了 MST 中生成树的角色。

问题：旅行商问题（TSP）

输入：无向完全图 $G = (V, E)$，它的每条边 $e \in E$ 都有一个实数值的成本 c_e。[①]

输出：G 的一条路线 $T \subseteq E$，它具有最小的边成本之和 $\sum_{e \in T} c_e$。

路线的正式定义是对每个顶点正好访问 1 次的环路（每个顶点在路线中都有 2 条关联边）。

小测验 1.1

在 $n \geq 3$ 个顶点的 TSP 实例 $G = (V, E)$ 中，存在多少条不同的路线 $T \subseteq E$？（在下面的答案中，$n! = n \times (n-1) \times (n-2) \cdots 2 \times 1$ 表示阶乘函数。）

（a）2^n

（b）$\frac{1}{2}(n-1)!$

（c）$(n-1)!$

（d）$n!$

（正确答案和详细解释参见第 1.1.4 节。）

如果所有其他方法都失败，TSP 就只能通过对所有的路线（有限数量）进

---

① 在完全图中，所有可能的 $\binom{n}{2}$ 条边都存在。G 是完全图这个前提并不会使问题失去通用性，因为在任何输入图中，对于不存在的边，都可以用成本非常高的边补足，从而输入图无害地转化为完全图。

行穷举并找出其中的最佳路线来解决。我们可以尝试对一个较小的图进行穷举搜索。

小测验 1.2

在图 1.2 中，具有最低边成本之和的那条路线的成本是多少？（每条边都用它的成本进行标注。）

(a) 12

(b) 13

(c) 14

(d) 15

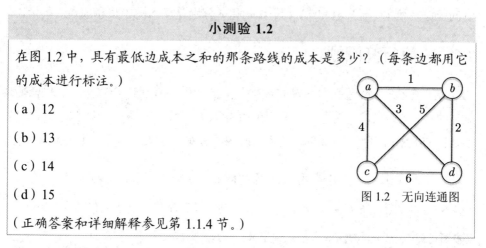

图 1.2　无向连通图

（正确答案和详细解释参见第 1.1.4 节。）

　　只有那些很小的实例，才能通过穷举搜索法解决 TSP。我们能不能做得更好？是不是与 MST 问题相似，在指数级数量的旅行商路线中，也存在一种算法能够神奇地找到成本最低的那条路线呢？尽管这两个问题在表面上非常相似，但 TSP 的解决难度要远远大于 MST 问题。

1.1.3　解决 TSP 的尝试和失败

　　我可以讲述旅行商故事的来龙去脉，但这对于解决 TSP 毫无益处。TSP 实际上是一个相当基本的问题。当我们需要按照顺序完成一连串的任务，并且完成一项任务所需要的时间或成本依赖于以前的任务时，实际上就涉及了旅行商问题。

　　例如，任务可以表示为一家工厂中需要装配的汽车，装配一辆汽车所需要的时间等于一个固定的时间（单车装配时间）加上一个设置时间，后者取决于这辆汽车和前一辆汽车的工厂配置。以最快的速度装配所有的汽车可以简化为最大限度地降低设置时间之和，这个问题就是 TSP。

　　以另一个完全不同的应用为例，假设我们已经收集了一个基因组的重叠片段，并想通过逆向工程推断出它最合理的顺序。根据一种"合理性措施"，为每对片段分配一个成本（例如，根据最长共同子串的长度），这个顺序问题也可以归类为 TSP。[①]

受 TSP 的实际应用和美学作用所诱惑，许多在优化领域享有盛誉的智者从 20 世纪 50 年代早期开始就投入了巨大的精力和海量的计算来解决 TSP 的大型实例。[②]尽管几十年过去了，期间绞尽了无数天才的脑汁，人们无奈地发现：

事实真相

在本书写作的时候（2020 年），尚不存在 TSP 的快速算法。

"快速"算法的含义是什么呢？回顾"算法详解"系列第 1 卷，我们同意下面这个标准：

"快速算法"表示最坏情况下运行时间的增长速度相对于输入规模的增长速度较为缓慢的算法。

"增长缓慢"又是什么意思呢？对本系列的大部分算法而言，这个词的黄金标准表示算法的运行时间为线性时间或近似线性时间。对这类速度炫目的算法就不要心存幻想了。对 n 个顶点的 TSP 实例而言，连运行时间稳定在 $O(n^{100})$ 的算法也不存在，甚至连 $O(n^{10\,000})$ 的算法也不可得。

对于这个悲凉的困境，存在两种不同的解释：（i）存在 TSP 的快速算法，只是还没有一个足够聪明的脑袋瓜把它想出来。（ii）不存在这样的算法。我们不知道哪种解释是正确的，但大多数专家更倾向后者。

推测

不存在 TSP 的快速算法。

早在 1967 年，Jack Edmonds 就写道：

[①] 这两个应用建模为旅行商路径问题很可能更为适合，因为它们的目标是计算一条最低成本访问每个顶点的无环路径（不回到起始顶点）。任何解决 TSP 的算法都可以很方便地转化为解决该问题路径版本的算法，反之亦然（参见问题 1.7）。

[②] 对 TSP 的历史以及 TSP 的其他应用感兴趣的读者可以参阅 *The Travelling Salesman Problem: A Computational Study* 这本书的前 4 章，作者是 David L. Applegate、Robert E. Bixby、Vašek Chvátal、William J. Cook（Princeton University Press，2006 年）。

我猜测旅行商问题不存在好的算法。我的理由与其他所有数学猜测相同：
（ⅰ）这是一种合理的数学可能性；（ⅱ）我不知道答案。[①]

遗憾的是，无解的魔咒并不仅限于 TSP。我们将会看到其他很多非常实用的
问题同样受到这个魔咒的困扰。

1.1.4　小测验 1.1 和小测验 1.2 的答案

小测验 1.1 的答案

正确答案：（b）。在顶点顺序（共有 $n!$ 种）和路线（以某种顺序访问每个顶
点各 1 次）之间存在一种直觉的对应，因此答案（d）是一种很自然的猜测。但
是在这种对应关系中，每条路径都以不同的方式计数了 $2n$ 次。

在每条路径中，起始顶点的 n 种选择各计数了 1 次，每条路线的两个旅行方
向也各计数了 1 次。因此，路线总数就是 $n!/(2n)=(n-1)!/2$。例如，当 $n=4$ 时，
就有 3 条不同的路线，如图 1.3 所示。

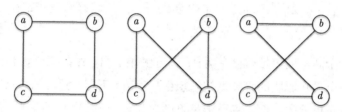

图 1.3　3 条不同的路径

小测验 1.2 的答案

正确答案：（b）。我们可以从顶点 a 开始对路线进行列举，并尝试其他 3
个顶点的全部 6 种可能的顺序，并理解路线结束时必须从最后一个顶点回到
起始顶点。（实际上，这种列举对每条路线计数了 2 次，每个方向各一次）结
果是：

---

① 来自 Jack Edmonds 的论文 "Optimum Branchings"（*Journal of Research of the National Bureau of Standards*，*Series B*，1967）。所谓 "好的算法"，Edmonds 的意思是算法的运行时间上界不超过输入规模的某个多项式函数。

顶点顺序	对应路线的成本
a,b,c,d 或 *a,d,c,b*	15
a,b,d,c 或 *a,c,d,b*	13
a,c,b,d 或 *a,d,b,c*	14

最短的路线是第 2 条，总成本为 13。

1.2　读者的不同专业层次

有些计算性问题要比其他问题更容易解决。NP 问题的理论要点就是能够让我们通过一种精确的感觉把问题划分为"容易计算"（如 MST）和"难以计算"（如 TSP）。本书的读者既包括初涉这个话题的新手，也包括追求提升专业技能的高手。本节说明了如何学习本书的剩余部分，既提供了一些目标，也提出了一些约束。

在识别和处理 NP 问题时，读者当前的专业层次是什么？期望达到的层次又是什么？[1]

第 0 层："什么是 NP 问题？"

第 0 层表示对 NP 问题一无所知。读者完全没有听说过 NP 问题，并没有意识到许多实际上非常重要的计算性问题被公认为是无法由任何快速算法所解决的。如果我叙述得当，第 0 层的读者应该也能够看懂本书。

第 1 层："哦，这个问题就是 NP 问题？我觉得我们要么重新规划这个问题，要么降低期望值，要么投入大量的资源解决这个问题。"

第 1 层就像鸡尾酒派对[2]的交谈一样，对 NP 问题略有所知，至少对它的含义有一些了解。例如，如果读者正在管理一个涉及某个算法或某个优化组件的软件项目，就需要在 NP 问题上至少达到第 1 层的专业能力。如果有一位成员遇到了 NP 问题并讨论接下来该怎么办时，也不至于茫然无措。为了把 NP 问题的专

---

[1] 关于 NP 这个术语的由来，参见第 1.6 节。

[2] 我说的鸡尾酒派对自然是指那些充满书卷气的派对。

业技能提升到第 1 层，可以学习第 1.3 节、第 1.4 节和第 1.6 节。

第 2 层："哦，这个问题就是 NP 问题？给我一个机会发挥自己的算法天赋，看看我能够走得多远。"

软件工程师的精力在他的专业能力达到第 2 层时是最为过剩的，时刻想着丰富自己的工具箱来开发非常实用的算法，以解决或模拟 NP 问题。严肃的程序员应该争取达到这个层次（或者更高）。愉快的是，我们为解决"算法详解"系列图书第 1～3 卷的问题所开发的所有多项式时间的算法范例或多或少对解决 NP 问题有所益处。第 2 章和第 3 章的目标是使读者达到第 2 层的专业水准。第 1.4 节对此进行了概述，第 6 章提供了一个详细的案例分析，描述了第 2 层的工具箱在一个高风险应用中是如何发挥作用的。

第 3 层："告诉我遇到了什么计算问题。【仔细倾听······】节哀，这是个 NP 问题。"

在第 3 层，我们可以快速识别在实际工作中所遇到的 NP 问题（在这个时候可以应用一些第 2 层水平的技能）。我们知道一些著名的 NP 问题，并知道如何证明其他问题也是 NP 问题。算法专家应该精通这个层次的技能。例如，当我向业界的同事、学生和工程师提供算法问题的建议时，也会用到一些第 3 层的知识。第 4 章提供了一个把技术水平提升至第 3 层的训练营，第 1.5 节对此进行了简单的介绍。

第 4 层："允许我通过黑板向你解释 P≠NP"猜想。

第 4 层也是最高级的层次，适合初显峥嵘的算法理论家和追求 NP 问题及 P 和 NP 问题的严格数理解的人们。如果读者并没有被上面的说法所吓倒，可以认真阅读选修的第 5 章。

1.3　容易的问题和困难的问题

NP 问题理论所提出的"容易和困难"二分法可以采用下面这种极度简化的定义：

容易↔可以由一种多项式时间的算法所解决。

困难↔在最坏情况下需要指数级的时间。

NP 问题的这个总结忽略了一些重要的微妙之处（参见第 1.3.9 节）。但是多年之后，如果读者对 NP 问题的含义只记住了其中的几个词，那么这几个词就是 NP 问题的良好定义。

1.3.1　多项式时间的算法

为了寻求"容易"问题的定义，我们可以回顾一些已知的著名算法（例如"算法详解"系列第 1～3 卷中的算法）的运行时间，如表 1.1 所示。

表 1.1　部分著名算法的运行时间

问题	算法	运行时间
排序	MergeSort 算法	$O(n \log n)$
强连通分量	Kosaraju 算法	$O(m + n)$
最短路径	Dijkstra 算法	$O[(m + n)\log n]$
MST	Kruskal 算法	$O[(m + n)\log n]$
序列对齐	NW 算法	$O(mn)$
所有顶点对的最短路径	Floyd-Warshall 算法	$O(n^3)$

n 和 m 的确切含义因问题而异，但不管在什么问题中都与输入规模密切相关。[①]这张表的要点在于：尽管这些算法的运行时间各不相同，但它们的上界都可以用输入规模的某个多项式函数表示。一般而言：

多项式时间的算法

多项式时间的算法是指最坏情况运行时间为 $O(n^d)$ 的算法，其中 n 表示输入规模，d 是个常量（与 n 无关）。

---

① 在排序中，n 表示输入数组的长度。在 4 个图问题中，n 和 m 分别表示顶点数和边数。在序列对齐问题中，n 和 m 表示两个输入字符串的长度。

上面所列出的 6 种算法都是多项式时间的算法（指数 d 相对较小）。[①] 是不是所有自然算法的运行时间都是多项式时间呢？不是。例如，对于许多问题而言，穷举搜索的运行时间是输入规模的指数级（如第 2 页的脚注② 所示）。我们到目前为止所学习的巧妙的多项式时间的算法都存在一些特殊之处。

1.3.2　多项式时间与指数级时间

不要忘了，任何指数函数的最终增长速度都要远远快于任何多项式函数的。典型的多项式运行时间和指数级运行时间之间存在巨大的差距，即使是非常小的实例也是如此。稍后的插图（多项式函数 $100n^2$ 与指数函数 2^n 的比较）就非常具有代表性。

摩尔定律表示某个特定价格下的计算力每过 1～2 年会翻一番。这是不是意味着多项式时间级的算法和指数级时间的算法之间的差别最终将会消失？实际上，答案正好相反！随着计算力的增长，我们对计算的期望值也随之上升。随着时间的推移，我们会考虑越来越大的输入规模，这样多项式运行时间和指数级运行时间的差距只会越来越大，如图 1.4 所示。

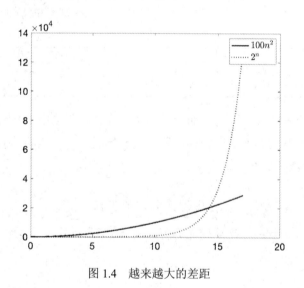

图 1.4　越来越大的差距

---

① 记住，对数因子也可以用一个线性因子粗略地确定上界。例如，如果 $T(n) = O(n \log n)$，则 $T(n) = O(n^2)$ 也是成立的。

假设我们具有固定的时间预算，例如一小时或一天。随着额外计算力的增加，可解决的输入规模又是如何增长的呢？对于一种多项式时间的算法，计算力每增加 1 倍，输入规模的增长是一个常数因子（例如从 1 000 000 增长到 1 414 323）。[①] 当一种算法的运行时间与 2^n（其中 n 表示输入规模）成正比时，计算力每增加 1 倍，可解决的输入规模可能只增加了 1（例如从 1 000 000 增加到 1 000 001）！

1.3.3　容易的问题

NP 问题的理论把"容易的"问题定义为能够由一种多项式时间级的算法所解决的问题。或者说该算法可解决的输入规模（在固定的时间预算下）随着计算力的增加而呈现乘法级的增长：[②]

多项式时间可解决的问题

对于某个计算性问题，如果存在一种多项式时间级的算法，对于每一种输入都能产生正确的结果，那么这个问题就是多项式时间可解决的问题。

例如，本节之初所列出的 6 个问题都是多项式时间可解决的问题。

从理论上说，在输入规模为 n 时运行时间为 $O(n^{100})$ 的算法也可以看成多项式时间的算法（虽然没有实用价值），由这样的算法所解决的问题也可以称为多项式时间可解决的问题。根据这个理论，如果一个像 TSP 这样的问题不是多项式时间可以解决的，那么像 $O(n^{100})$ 甚至 $O(n^{10\,000})$ 时间级的算法都是无法解决它的。

勇气、定义和边缘情况

通过"能够在多项式时间内解决"来判定问题是否容易并不完美。某

---

① 在线性时间的算法中，可以解决的问题规模是原先的两倍。在二次方时间的算法中，可以解决的问题规模增长幅度是 $\sqrt{2} \approx 1.414$。在三次方时间的算法中，可以解决的问题的增长幅度是 $\sqrt[3]{2} \approx 1.26$，接下来依此类推。

② 这个定义是 Alan Cobham 和 Jack Edmonds（参见第 6 页的脚注）在 20 世纪 60 年代中期不谋而合地提出的。

个问题在理论上可能是能够解决的（通过一种理论上的多项式时间的算法），但在现实中是不可能的（根据我们经验上的快速算法的概念），或者是反过来的情况。任何人如果有勇气创建一个精确的数学定义（例如能够在多项式时间内解决）来表达一个含糊的现实世界概念（"容易通过现实世界的计算机解决"），就必须对这个定义的精确性和现实世界的含糊性之间的冲突做好心理准备。这种定义必须包含或排除某些边缘情况，而这些边缘情况在其他定义中可能并不存在。但是这个不足并不足以让我们忽略或排除这是一个良好的定义。与实际经验相符，能否在多项式时间内解决对于区分问题是"容易"还是"困难"意外地有效。通过半个世纪的研究和实践，我们可以充满信心地表示自然的多项式时间内可解决的问题一般都可以通过实用的通用算法所解决，而那些无法由多项式时间的算法所解决的问题一般需要更多的工作量和专业知识。

1.3.4   相对难以处理

假设我们猜测一个像 TSP 这样的问题是"不容易的"，意思是无法由任何多项式时间的算法所解决（不管项数有多大）。我们怎样才能证明事实确是如此呢？当然，最有说服力的毫无疑问是通过无懈可击的数学证明。但是，TSP 的状态至今仍然并不确定：没有人能够找到一种多项式时间的算法来解决它，也没有人能够证明这样的算法不存在。

在不知道是否存在可以解决问题的算法时，我们怎么才能创建一个理论来区分"容易处理"和"难以处理"的问题呢？NP 问题背后的天才设想就是根据问题的相对（而不是绝对）困难性对它们进行区分。如果一个问题至少像其他大量无法解决的问题"一样困难"，我们就认为它是困难的。

1.3.5   困难的问题

解决 TSP 的大量失败尝试（第 1.1.3 节）间接证明了这个问题无法在多项式时间内解决。

困难的弱证据

如果 TSP 真的存在一种多项式时间的算法，无疑否定了无数才华横溢的天才在过去数十年殚精竭虑的努力。

我们能不能做得更好，也就是提供难处理性的更有说服力的论证方式？这就是 NP 问题的神奇和威力所在。大体思路就是说明像 TSP 这样的问题至少和许多不同科学领域的大量无法解决的问题一样困难。事实上，所有这些问题只要有一个发现了解决方案，剩余的问题随之也能够解决。这种论证方式表示 TSP 如果存在一种理论上的多项式时间的算法，那么这种算法也能自动解决其他那些未解决的问题！

困难的强证据

如果 TSP 存在一种多项式时间的算法，那么困扰了无数天才数十年的数以千计的难题也就随之迎刃而解了。

实际上，NP 问题的理论说明了数以千计的问题（包括 TSP）都是同一个问题的不同变型，它们都遭受了相同的计算厄运。如果我们尝试为一种像 TSP 这样的 NP 问题找到一种多项式时间的算法，事实上也就为这些数以千计的相关难题找到了算法。[1]

如果一个问题存在上面这层意思的难以处理的强证据，那么我们就称这个问题是 NP 问题。

NP 问题（大体思路）

如果一个问题被认为至少与已经确认的许多难题一样困难，那么它就是 NP 问题。

---

[1] 硬要说的话，数以百计（甚至千计）的天才大脑都无法得出 TSP 无法在多项式时间内解决的相反结论，反过来说明了事实上不存在这样的算法。区别在于证明问题的可解决性（通过无数问题的已知快速算法）要远比证明问题的不可解决性要容易得多。因此，如果 TSP 能够在多项式时间内解决，那么这么久还没有找到它的多项式时间的算法是件非常奇怪的事情。如果它不存在这样的算法，那么我们无法证明这一点是毫不意外的。

第 5.3.4 节将会证明这个思路是 100% 准确的,但是在此之前,我们只能根据一个著名的数学猜想即 P≠NP 猜想来提供 NP 问题的一个临时定义。

1.3.6　P≠NP 猜想

读者也许听说过 P≠NP 猜想,它的准确含义是什么? 第 5.4 节将会提供它的精确数学定义。现在,我们暂且用一种非正式的版本来应付急需这种定义的情况。

P≠NP 猜想(非正式版本)

对一个问题的所有宣称的解决方案进行验证要比自己从头设计这样的解决方案要容易得多。

在这个猜想中,"P" 和 "NP" 分别表示在多项式时间内可以从头解决的问题和在多项式时间内能够对解决方案进行验证的问题。关于它们的正式定义,请参阅第 5 章。

例如,对某人所提出的数独或聪明方格问题的解决方案进行验证要比想出它们的解决方案要容易得多。或者,在 TSP 中,对于某人所提出的旅行商路径,我们只要把它的边成本进行累加,就很容易证明它是良好的(例如总成本不超过1000)。但是,让我们在很短的时间内从头开始想出这样的路线却是很不容易的。因此,我们可以凭直觉认定 P≠NP 猜想是正确的。[1][2]

1.3.7　NP 问题的临时定义

根据某种临时的定义,假设 P≠NP 猜想是成立的,如果一个问题不能由任何多项式时间的算法所解决,那么这个问题就是 NP 问题。

---

[1] 我们将会在问题 5.2 中看到 P≠NP 猜想相当于 Edmond 猜想,也就是说 TSP 无法在多项式时间内解决。

[2] P≠NP 猜想的正确性为什么并不是显而易见的? 因为多项式时间的算法范围之广令人难以想象,其中包含了大量天才的算法。(例如,"算法详解" 系列第 1 卷第 3 章的脑洞爆炸式的低于 3 次方的 Strassen 矩阵乘法算法。)要证明这些数量近乎无限的候选算法都不能解决 TSP 是件非常困难的事情!

> **NP 问题（临时定义）**
>
> 一个计算性问题如果存在一种多项式时间的算法就会否定 P≠NP 猜想，那么它就是 NP 问题。

因此，任何 NP 问题（例如 TSP）如果存在一种多项式时间的算法，就会自动说明 P≠NP 猜想是不成立的，从而揭晓一项虽然诱人但难以成真的算法悬赏：每个问题都有一种多项式时间的算法，它的解决方案可以在多项式时间内被识别。在 P≠NP 猜想为真这个很可能的情况下，没有任何 NP 问题是能够在多项式时间内解决的。在输入规模为 n 的情况下，甚至连运行时间为 $O(n^{100})$ 或 $O(n^{10\,000})$ 的算法都不可能。

1.3.8　随机化和量子算法

第 1.3.3 节"多项式时间可解决"这个定义只涉及确定性的算法。我们知道，随机化在算法设计中（例如在 QuickSort 算法中）也是一种强大的工具。那么，随机化的算法能够摆脱 NP 问题的桎梏吗？

推及到更普遍的情况，现在很火的量子算法又是什么情况呢？（随机化算法可以看成量子算法的一种特殊情况）。大规模的、通用的量子计算机（如果实现）可能会改变一些问题的命运，包括对大整数进行分解这样极端重要的问题。但是，分解问题并不被认为是 NP 问题，专家们推测即使是量子计算机也无法在多项式时间内解决 NP 问题。NP 问题所提出的挑战不可能在短时间内被克服。[①]

1.3.9　微妙性

本节之初的极简讨论表示"困难的"问题在最坏情况下需要指数级的时间才能解决。第 1.3.7 节的临时定义的表述又有所不同：所谓 NP 问题，就是

---

① 大多数专家相信每种多项式时间的随机化算法都可以去随机化，转变为一种等价的多项式时间的确定性算法（也许是一种具有很大的运行时间上界的多项式时间算法）。如果确实如此，P≠NP 猜想也自动适用于随机化的算法。

　反之，大多数专家相信量子算法在本质上比传统算法更为强大（但尚未强大到能够在多项式时间内解决 NP 问题）。这无疑令我们吃惊和兴奋：还有多少是我们仍然不知道的？

在 P≠NP 猜想成立的前提下，无法由任何多项式时间的算法所解决的问题。

这两种定义之间的第 1 个分歧是 NP 问题只有在 P≠NP 猜想为真的前提下（这个问题的答案并未完全确认）才排除了能够在多项式时间内解决的可能性。如果这个猜想是不成立的，那么本书所讨论的几乎所有 NP 问题都能在多项式时间内解决。

第 2 个分歧在于即使 P≠NP 猜想这个大概率为真的事件确实是成立的，NP 问题也只表示在最坏情况下解决这种问题需要超过多项式的时间（而不是指数级的时间）。[①]但是，对于大多数的自然 NP 问题，包括本书所研究的所有问题，专家们普遍认为它们在最坏情况下确实需要指数级的时间。这个想法可以由"指数级时间假设"所证实，这是 P≠NP 猜想的一种更强形式（参见第 5.5 节）。[②]

最后，尽管我们所遇到的 99% 的问题属于"容易"（能够在多项式时间内解决）或"困难"（NP 问题），但还有一些极为少见的问题位于两者之间。因此，容易和困难这种一分为二的方法能够覆盖现实中绝大多数重要的计算性问题，但并非全部。[③]

1.4　NP 问题的算法策略

假设我们确定了一个计算性问题，项目的成败系于其身。也许在过去几周中我们想尽了一切办法。我们知道所有的算法范例，理解书上的所有数据结构，掌握所有的零代价基本算法，但一切都无济于事。最后，我们意识到这并非是因为

---

① 当输入规模为 n 时，运行时间上界大于多项式但低于指数级的例子包括 $n^{\log_2 n}$ 和 $2^{\sqrt{n}}$ 等。

② "算法详解"系列图书所研究的所有计算性问题的解决时间都不需要超过指数级，但其他问题却有可能需要。一个著名的例子是"停机问题"（halting problem），它无法在任何有限数量的时间内解决（何况是指数级时间），参见第 5.1.2 节。

③ 两个被认为既无法在多项式时间内解决也不是 NP 问题的重要问题是因数问题（确认一个整数存在一个重要的因数，或确认它不存在）和图同构问题（确定两个图除了顶点名称不同之外都是相同的）。这两个问题的算法都需要低于指数级的时间（但高于多项式的时间）。

自己的方法有误或能力不济，而是因为这个问题是 NP 问题。虽然我们可以对过去几周所做的无用功感到释怀，但这并不能削弱这个问题对于项目的重要性。我们应该怎么办呢？

1.4.1 通用、正确、快速（选择其二）

坏消息是 NP 问题是普遍存在的。随时可能会出现一个这样的问题困扰我们最近的项目。好消息是 NP 问题并不意味着宣判了死刑。在实践中，通过投入足够多的资源，应用足够复杂的算法逻辑，NP 问题常常是可以解决的（但并不总是能够解决），至少能够近似地解决。

NP 问题向算法设计师提出了挑战，并给我们的期望值浇了一盆冷水。我们无法指望会有一种通用的、快速的算法解决 NP 问题，这点与我们所看到的诸如排序、最短路径或序列对齐等问题截然不同。除非我们运气足够好，需要处理的输入要么很小、要么具有良好的结构，否则必然要消耗大量的资源才能解决这个问题，并且很可能需要做出某种妥协。

需要什么类型的妥协呢？NP 问题排除了同时满足下面这三个优秀的属性（假设 P≠NP 猜想是正确的）的方法。

三个属性（无法同时拥有）

1. 通用。算法能够处理该计算性问题的所有可能的输入。

2. 正确。对于每个输入，算法都能够正确地解决问题。

3. 快速。对于每个输入，算法都能够在多项式运行时间内完成。

相应地，我们可以从三种类型的妥协中做出选择：通用性的妥协、正确性的妥协和速度上的妥协。这三种策略都是非常实用的。

本节的剩余部分将详细说明这三种算法策略。随后的第 2 章和第 3 章将深入讨论后面两种策略。和往常一样，我们把注意力集中在强大、灵活的算法设计原则上，使之适用于范围极广的问题。我们应该把这些原则作为起点并对它们进行应用，并对自己需要解决的特定问题接受领域专家所提供的指导。

1.4.2   通用性的妥协

在 NP 问题上取得进展的一种策略是放弃通用算法,把注意力集中在与我们的应用相关的问题的特殊情况上。在最佳情况场景中,我们可以确认与输入有关的某种领域特定的约束,并设计一种总是能够正确、快速地处理这种输入子集的算法。"算法详解"系列第 3 卷的动态规划训练营的毕业生已经看到过这种策略的两个例子。

加权的独立子集问题。 在这个问题中,输入是无向图 $G = (V, E)$,每个顶点 $v \in V$ 都有一个非负的权重 w_v。这个问题的目标是计算一个独立子集 $S \subseteq V$,它具有最大的顶点权重之和 $\sum_{v \in S} w_v$。所谓独立子集表示互不相邻的顶点子集 $S \subseteq V$ [对于每对 $v, w \in S$,满足 $(v, w) \notin E$]。例如,如果边表示冲突(例如两个人之间、两门课程之间等),独立子集就对应于不存在冲突的子集。这个问题一般而言是 NP 问题,如 4.5 节所述。当 G 是路径图(顶点为 $v_1, v_2, \cdots, v_n$,边为 (v_1, v_2), $(v_2, v_3), \cdots, (v_{n-1}, v_n)$)这种特殊情况时,这个问题就可以使用一种动态规划算法在线性时间内解决。这个算法还可以进行扩展,使之适用于所有的无环图(参见"算法详解"系列第 3 卷的第 4.3 节)。

背包问题。 在这个问题中,输入由 $2n+1$ 个正整数所指定:n 个物品价值 v_1, $v_2, \cdots, v_n$,n 个物品大小 $s_1, s_2, \cdots, s_n$ 和背包容量 C。这个问题的目标是计算物品的一个子集 $S \subseteq \{1, 2, \cdots, n\}$,在总大小 $\sum_{i \in S} s_i$ 不超过 C 的前提下具有最大的物品价值之和 $\sum_{i \in S} v_i$。换句话说,这个问题的目标是最大限度地榨取资源的价值。[①] 这个问题是 NP 问题,如第 4.8 节和问题 4.7 所述。这个问题存在一种 $O(nC)$ 运行时间的动态规划算法。这是一种多项式时间的算法,适用于 C 的大小不超过 n 的一个多项式函数的特殊情况。

背包问题的多项式时间算法?

为什么背包问题的 $O(nC)$ 运行时间的算法并没有否定 P ≠ NP 猜想?

---

① 例如,对于哪些货物和服务,我们应该挥舞支票本榨取最大价值呢?或者在预算固定的前提下,有一组不同技术水平和不同薪资要求的求职者可供选择,我们应该选择谁呢?

因为它并不是一种多项式时间的算法。输入规模（需要的键击数量指定了计算机的输入）与一个数的位数成正比，而不是与这个数的大小成正比。为了与 1 000 000 这个数进行通信，并不需要一百万次键击，而是只需要 7 次（如果是二进制就需要 20 次）。例如，对于一个有 n 件物品的实例，如果背包容量是 2^n，所有物品的价值和大小都不超过 2^n，那么它的输入规模是 $O(n^2)$ [$O(n)$ 个数各有 $O(n)$ 个数字]。它的动态规划算法的运行时间是指数级的（与 $n \cdot 2^n$ 成正比）。

设计快速、正确的算法（用于特殊情况）的算法策略可以使用我们在"算法详解"系列图书第 1 卷到第 3 卷所开发的全部算法工具箱。由于这个原因，本书并未开辟专门的一章来讨论这种策略。但是，我们还会遇到一些 NP 问题的特殊情况，此时它们可以由多项式时间的算法所解决，例如旅行商问题、可满足性问题和图着色问题（参见问题 1.8 和问题 3.12）。

1.4.3　正确性的妥协

第二种算法策略在时间优先的应用中特别流行，就是坚持算法的通用性并保证速度，但可以牺牲正确性。并不总是正确的算法有时又称启发性算法。[①]

在理想情况下，启发式算法"在大多数情况下是正确的"。这意味着它必须满足下面这两个属性之一（或两者皆满足）：

正确性的放宽
1. 算法对于"大多数的"输入是正确的。[②]
2. 算法对每个输入是"几乎正确的"。

第 2 个属性最容易用优化问题进行解释。这类问题的目标是计算具有最佳目标函数值（具有最低总成本）的可行解决方案（例如旅行商问题）。"几乎正确"

---

① 在"算法详解"系列图书的第 1 卷到第 3 卷，多数情况下正确但并不总是正确的解决方案只有一个例子：布隆过滤器。这是一种小空间的数据结构，支持超级快速的插入和查找，其代价是偶尔会出现假阳性。

② 例如，布隆过滤器的一个典型实现具有 2% 的假阳性率，98% 的查找是正确的。

表示这种算法所输出的可行解决方案的目标函数值接近最佳结果。例如在旅行商问题中，算法所产生的路线的总成本与实际最优的路线相差不远。

用于设计快速、准确算法的现有算法工具箱可以直接用于设计快速的启发性算法。例如，第 2.1 节～第 2.3 节描述了一些启发式贪心算法，范围包括作业调度和社交网络的影响最大化等。这些启发式算法附带了"近似正确"的证明，保证对于每个输入，算法输出的目标函数值与实际最佳的目标函数值之间只存在一个适度的常量因子的差距。[①]

第 2.4 节～第 2.5 节为我们的工具箱增加了局部搜索算法设计范例。局部搜索以及它通用版本在实际处理许多 NP 问题时好用得令人难以置信。其中就包括了 TSP，尽管局部搜索算法很少拥有令人信服的近似正确性保证。

1.4.4 最坏情况运行时间的妥协

最后一种策略适用于无法在准确性上做出妥协又不愿意考虑启发性算法的应用。一个 NP 问题的每种准确算法对于某些输入的运行时间必然会超过多项式时间（假设 P≠NP 猜想是成立的）。因此，我们的目标是设计一种尽可能快的算法，它至少要比原始的穷举搜索法要好得多。这意味着它必须满足下面这两种情况之一（或两者皆满足）。

多项式运行时间的放宽
1. 算法在处理与应用相关的输入时一般较为快速（例如可以实现多项式运行时间）。
2. 对于每个输入，算法的速度都要比穷举搜索快得多。

在第二种情况下，我们仍然预计算法对于某些输入会达到指数级的运行时间。不管怎么说，它终究是 NP 问题。例如，第 3.1 节对 TSP 使用了一种远胜于穷举搜索的动态规划算法，运行时间从 $O(n!)$ 缩减为 $O(n^2 \cdot 2^n)$，其中 n 表示顶点的数量。第 3.2 节把随机化与动态规划相结合，在查找图的长路径问题上实现

---

① 有些作者称这种算法是"近似算法"，并把"启发式算法"这个术语保留给缺少近似正确性证明的算法。

了 $O((2e)^k \cdot m)$ 的运行时间，远胜于穷举搜索的 $O(n^k)$，其中 n 和 m 分别表示输入图中顶点和边的数量，k 表示目标路径长度，$e = 2.718\cdots$。

在 NP 问题相对较严重的实例上取得进展一般需要额外的工具，这种工具并不拥有优于穷举搜索的运行时间保证，但在许多应用中却是意外好使。第 3.3 节～第 3.5 节概述了如何站在巨人的肩膀之上，这些"巨人"就是在过去数十年里为混合整数规划（MIP）和可满足性（SAT）问题开发了卓有成效的解决程序的专家们。许多属于 NP 问题的优化问题（例如 TSP）都可以改编为混合整数规划问题。许多属于 NP 问题的可行性检查问题（例如对班级和教室的无冲突分配进行检查的问题）可以很方便地表达为可满足性问题。当我们面临一个可以很方便地由 MIP 或 SAT 表示的 NP 问题时，就可以应用解决这类问题的最新、最有效的程序。MIP 或 SAT 的解决程序并不能保证在合理的时间内能解决我们的特定问题，毕竟这是 NP 问题。但是，它们代表了在实践中处理 NP 问题的最前沿技术。

1.4.5 关键思路

如果读者追求的是 NP 问题第 1 层次的技术水平（第 1.2 节），最需要记住的概念如下。

与 NP 问题有关的三个事实

1. 普遍存在：实际上重要的 NP 问题是随处可见的。

2. 难以处理：以一个被广泛接受的数学猜想为前提，没有一个 NP 问题可以由任何一种既能保证正确性又能实现多项式运行时间的算法所解决。

3. 并非死路一条：只要投入足够的资源，应用足够高级的算法逻辑，NP 问题在实践中常常（但并不总是）能够解决，至少能够近似地解决。

1.5 证明 NP 问题：一个简单的方案

我们怎么才能发现自己的工作中所出现的 NP 问题以便相应地调整自己的期望值，并放弃寻求一种通用、正确的快速算法呢？没人愿意花几个星期甚至几个月的时间努力否定 P≠NP 猜想却一无所获。

首先，了解一些简单和常见的 NP 问题的集合（例如第 4 章的 19 个问题）。在最简单的场景中，我们的应用可以归结为这些问题的其中之一。其次，强化对计算性问题进行转化的能力。把一个问题转化为另一个问题之后，就可以把后者在计算上的可处理性扩展到前者。反过来说，计算上的难以处理性可以按照相反的方向进行转化，也就是从前者扩展到后者。因此，为了证明我们所关注的一个计算性问题是 NP 问题，只需要把一个已知的 NP 问题转化为这个问题即可。

本节的剩余内容会对这些要点进行说明，并提供了一个简单的例子。第 4 章将对此进行深入的讨论。

1.5.1　转化

如果一个任意的问题 B 至少和 NP 问题 A 一样困难，那么它也是个 NP 问题。"至少一样困难"这句话可以通过转化这个术语来表达。

转化

如果一个解决问题 B 的算法可以很方便地还原为解决问题 A 的算法，那么问题 A 就可以转化为问题 B（见图 1.5）。

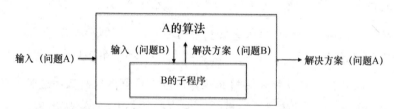

图 1.5　如果问题 A 转化为问题 B，则 A 可以调用解决问题 B 的子程序来解决并且调用次数不超过多项式数量，再加上多项式时间的额外工作

当我们讨论 NP 问题时，"容易转化"意味着问题 A 可以通过调用解决问题 B 的子程序并且调用次数不超过多项式数量（相对于输入规模）来解决，另外包括一些多项式时间的额外工作（在子程序调用之外）。

1.5.2 使用转化来设计快速算法

紧跟时代的算法设计师总是会寻求问题转化的机会。若非迫不得已，谁愿意从头开始解决问题呢？"算法详解"系列图书第 1~3 卷中与第 1.3.1 节所列出的问题有关的例子如下所示。

熟悉的转化例子

1. 在一个整数数组中寻找中位数的问题可以转化为对这个数组进行排序的问题。（对数组进行排序之后，返回最中间的那个元素就可以了。）

2. 所有顶点对的最短路径问题可以转化为单源最短路径问题。（在输入图中，对每个可能的起始顶点调用一种单源最短路径算法。）

3. 最长公共子序列问题可以转化为序列对齐问题。（对两个输入字符串调用一种序列对齐算法，每个插入的空位为 1 个扣分，两个不同符号导致的不匹配则为一个非常大的扣分。）[①]

这些转化站在力量的光明一面，承担着根据旧的算法创建新的快速算法的光荣任务，从而把计算上的可处理性向前推进了一步。例如，第 1 个转化是把 MergeSort 算法转化为一种 $O(n\log n)$ 时间级的中位元素查找算法，或者按照更通用的说法，把任何 $T(n)$ 时间级的排序算法转化为 $O(T(n))$ 时间级的中位元素查找算法，其中 n 表示数组的长度。第 2 个转化是把单源最短路径的任何 $T(m,n)$ 时间级的算法转化为所有顶点对的最短路径问题的 $O(n \cdot T(m, n))$ 时间级的算法，其中 m 和 n 分别表示边和顶点的数量。第 3 个转化把序列对齐问题的 $T(m, n)$ 时间级的算法转化为最长公共子序列问题的 $O(T(m, n))$ 时间级的算法，其中 m 和 n 分别表示两个输入字符串的长度。

---

① 记住，序列对齐问题的一个实例是由来自某个字母表 Σ（类似 $\{A,C,G,T\}$）的两个字符串、每对符号 $x,y \in \Sigma$ 的扣分 α_{xy} 和一个非负的空位扣分 α_{gap} 所指定的。这个问题的目标是计算输入字符串具有最低总扣分的对齐方式。

小测验 1.3

假设问题 A 可以通过最多调用问题 B 的子程序 $T_1(n)$ 次，并执行最多 $T_2(n)$ 的额外工作（除了子程序调用）来解决，其中 n 表示输入规模。假设有一个子程序能够在不超过 $T_3(n)$（输入规模为 n）的时间内解决问题 B，那么解决问题 A 所需要的时间是什么？（选择最正确的答案。假设一个程序至少必须使用一种零代价的操作来创建一个长度为 s 的输入以便进行子程序调用。）

（a）$T_1(n) + T_2(n) + T_3(n)$

（b）$T_1(n) \cdot T_2(n) + T_3(n)$

（c）$T_1(n) \cdot T_3(n) + T_2(n)$

（d）$T_1(n) \cdot T_3(T_2(n)) + T_2(n)$

（关于正确答案和详细解释，参见第 1.5.5 节。）

小测验 1.3 显示了当问题 A 可以转化为问题 B 时，问题 B 的任何多项式时间的算法都可以转换为解决问题 A 的算法。[①]

转化扩展了可处理性

如果问题 A 可以转化为问题 B，并且问题 B 可以由一种多项式时间的算法所解决，则问题 A 也可以由一种多项式时间的算法所解决（见图 1.6）。

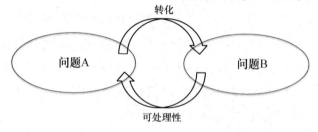

图 1.6　从问题 B 到问题 A 扩展了可处理性：如果问题 A 可以转化为问题 B，并且问题 B 在计算上是可处理的，那么问题 A 在计算上也是可处理的

[①]　如果小测验 1.3 中的函数 $T_1(n)$、$T_2(n)$ 和 $T_3(n)$ 的上界都是 n 的一个多项式函数，则它们的和、积和组合也是多项式函数。例如，如果 $T_1(n) \leqslant a_1 n^{d_1}$ 且 $T_2(n) \leqslant a_2 n^{d_2}$，其中 a_1、a_2、d_1 和 d_2 都是正的常数（与 n 无关），则 $T_1(n) \cdot T_2(n) \leqslant (a_1 a_2) n^{(d_1+d_2)}$ 且 $T_1(T_2(n)) \leqslant (a_1 a_2^{d_1}) n^{(d_1 d_2)}$。

1.5.3 使用转化对 NP 问题进行扩展

NP 问题的理论则站在了力量的阴暗一面，"穷凶极恶"地使用转化对难处理性进行扩展（图 1.7 的相反方向）。我们反过来理解上面那种说法。假设问题 A 可以转化为另一个问题 B。进一步假设 A 是个 NP 问题，意思是如果问题 A 存在一种多项式时间的算法，就会否定 P≠NP 猜想。如果问题 B 存在一种多项式时间的算法，那么问题 A 也自动会拥有一种多项式时间的算法（因为问题 A 可以转化为问题 B），这样就否定了 P≠NP 猜想。换句话说，问题 B 也是个 NP 问题。

转化扩展了难处理性

如果问题 A 可以转化为问题 B，并且问题 A 是 NP 问题，则问题 B 也是 NP 问题（见图 1.7）。

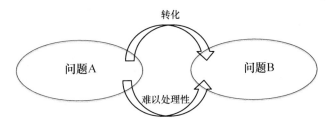

图 1.7　以相反的方向从问题 A 到问题 B 扩展难处理性：如果问题 A 可以转化为问题 B，并且问题 A 在计算上是难处理的，那么问题 B 在计算上也是难处理的

因此，现在我们拥有了一种简单的两步骤方案来证明一个问题是 NP 问题。

如何证明一个问题是 NP 问题

为了证明问题 B 是 NP 问题：

1. 选择一个 NP 问题 A；

2. 证明问题 A 可以转化为问题 B。

实现第 1 个步骤需要对 NP 问题有所了解。第 4 章将介绍一些与此有关的概念。第 2 个步骤建立在对问题进行转化的技能之上。通过第 4 章的实践，这两个步骤的细节都能得到充实。下面我们回顾一个熟悉的问题：允许边长为负的单源最短路径问题，从而领悟这个方案的精要所在。

1.5.4 无环最短路径是 NP 问题

在单源最短路径问题中，输入由有向图 $G = (V, E)$、每条边 $e \in E$ 的实数值边长 ℓ_e 和起始顶点 $s \in V$ 所组成。路径的长度就是组成路径的每条边的长度之和。这个问题的目标是对于每个可能的目标顶点 $v \in V$，计算 G 中一条从 s 到 v 的有向路径的最短长度 $\mathrm{dist}(s, v)$。（如果不存在这样的路径，$\mathrm{dist}(s, v)$ 就被定义为 $+\infty$。）重要的是，这个问题允许边的长度为负。[①②] 例如，图 1.8 中从 s 出发的最短路径长度分别是：

$$\mathrm{dist}(s,s) = 0、\mathrm{dist}(s,v) = 1 \text{ 和 } \mathrm{dist}(s, t) = -4。$$

1. 负环

对于图 1.9，该如何定义最短路径长度呢？

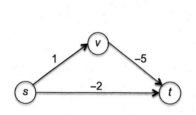

图 1.8 从 s 出发的最短路径

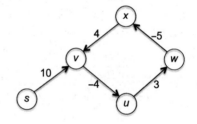

图 1.9 负环

这个图存在一个负环，负环是指边长之和为负的有向环。图 1.9 中存在一条单跳的长度为 10 的 s–v 路径。在这条路径的后面加上一个环路会产生一条 5 跳的 s–v 路径，总长度为 8。再次加上这个环路会使总长度变成 6，接下来依此类推。如果允许有环的路径，这个图就不存在最短的 s–v 路径。

---

① 记住，图的路径可能表示抽象的决策序列，并不一定是可以物理实现的。例如，如果我们想计算涉及买入和卖出的金融交易的利润序列，就相当于在边长可能为正或为负的图中寻找一条最短路径。

② 在只有非负边长的图中，单源最短路径问题才可以用速度炫目的 Dijkstra 算法解决（参见"算法详解"系列图书第 2 卷第 3 章）。

2．无环最短路径问题

一个显而易见的替代方案是禁止路径中出现环路，坚持每个顶点只能被访问 1 次。

问题：无环最短路径（CFSP）

输入：有向图 $G = (V, E)$，起始顶点 $s \in V$，并且每条边 $e \in E$ 具有实数值的边长 ℓ_e。

输出：对于每个顶点 $v \in V$，计算 G 中具有最短长度的无环 s–v 路径。（如果 G 中不存在 s–v 路径，就输出 $+\infty$。）

遗憾的是，这个版本的问题是 NP 问题。[①]

定理 1.1（无环最短路径是 **NP** 问题）　无环最短路径问题是 NP 问题。

关于辅助结论、定理等名词

在数学著作中，最重要的技术性陈述称为定理。辅助结论是一种帮助证明定理的技术性陈述（就像一个子程序帮助实现一个更大的程序一样）。推论是一种从已经被证明的结果中引导产生的陈述，例如一个定理的一种特殊情况。对于那些本身并不是特别重要的独立的技术性陈述，我们将使用命题这个术语。

3．有向汉密尔顿路径问题

我们可以根据第 1.5.3 节的两步骤方案来证明定理 1.1。对于第 1 个步骤，我们将使用一个著名的 NP 问题，即有向汉密尔顿路径问题。

---

① 这就解释了为什么 Bellman-Ford 算法（参见"算法详解"系列图书第 3 卷的第 6 章）以及其他每个多项式时间的最短路径算法只能解决这个问题的一种特殊情况（不存在负环的输入图，这种情况下最短路径自动是不包含环路的）。定理 1.1 说明了如果 P ≠NP 猜想是正确的，那么这些算法都无法正确地计算出通用的无环最短路径的长度。

> **问题：有向汉密尔顿路径问题（DHP）**
>
> **输入**：有向图 $G = (V, E)$，起始顶点 $s \in V$ 和结束顶点 $t \in V$。
>
> **输出**：如果 G 中存在一条对图中的每个顶点 $v \in V$ 正好访问 1 次的 s-t 路径（称为 s-t 汉密尔顿路径）就输出"是"，否则就输出"否"。

例如，在图 1.10 中，第 1 个图存在一条 s-t 汉密尔顿路径（虚线边），而第 2 个图不存在这样的路径。

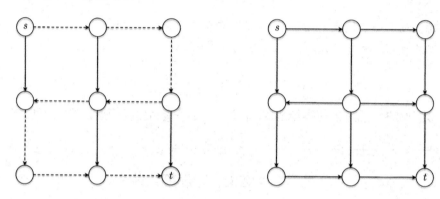

图 1.10   两个有向图

4．定理 1.1 的证明

第 4.6 节证明了有向汉密尔顿路径问题是 NP 问题（同样使用了第 1.5.3 节的两步骤方案）。现在，我们直接采用它是 NP 问题这个结论，并把注意力集中在这个方案的第 2 个步骤，也就是把一个已知的 NP 问题（在此例中为有向汉密尔顿路径问题）转化为我们感兴趣的问题（无环最短路径问题）。

辅助结论 1.1（DHP 可以转化为 CFSP）   有向的汉密尔顿路径问题可以转化为无环最短路径问题。

证明：我们如何使用一个解决无环最短路径问题的子程序来解决有向图的汉密尔顿路径问题呢（回顾图 1.5）？假设已经有了后者的一个实例，由有向图 $G = (V, E)$、起始顶点 $s \in V$ 和结束顶点 $t \in V$ 所指定。预想的无环最短路径子程序的输入包括一个图（这个可以提供，也就是输入图 G）和一个起始顶点（同上）。这个子程序的输入不需要结束顶点，因此可以忽略 t。但是，这个子程序的输入还需要实数值的边长，因此我们必须进行假设。我们可以欺骗这个子程序，给每条边一个负的边长，使子程序误以为长路径（例如一条 s–t 汉密尔顿路径）实际上是很短的。总而言之，转化过程如下（见图 1.11）。

1. 为每条边 $e \in E$ 分配一个长度 $\ell_e = -1$。

2. 使用预定的子程序计算无环最短路径，复用相同的输入图 G 和起始顶点 s。

3. 如果从 s 到 t 的一条最短无环路径的长度是-($|V|$ -1)就返回"是"，否则返回"否"。

为了证明这个转化是正确的，我们必须证明当输入图 G 包含了一条 s–t 汉密尔顿路径时返回"是"，否则返回"否"。在构建的无环最短路径实例中，一条无环 s–t 路径的最短长度等于-1 乘以原输入图 G 中一条无环 s–t 路径的最大跳跃数量。一条无环 s–t 路径如果也是一条 s–t 汉密尔顿路径（以访问所有的$|V|$个顶点），那么它就具有$|V|$-1 次跳跃，否则跳跃数量就会少一些。因此，如果 G 具有一条 s–t 汉密尔顿路径，则这个构建实例中从 s 到 t 的无环最短路径的长度就是- ($|V|$ -1)，否则它的长度就会更长（即更小的负数）。不管是哪种情况，这种转化都能返回正确的答案。证毕。

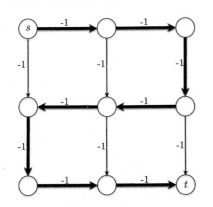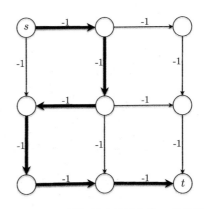

图 1.11　辅助结论 1.1 的证明中的转化例子。第 1 个图中的 s–t 汉密尔顿路径转化为一条长度为–8 的无环 s–t 路径。第 2 个图中不存在 s–t 汉密尔顿路径，无环 s–t 路径的最短长度是–6

通过这个两步骤的方案，辅助结论 1.1 以及有向的汉密尔顿路径问题属于 NP 问题证明了定理 1.1。第 4 章将介绍这个方案的许多实际使用例子。

1.5.5　小测验 1.3 的答案

正确答案：（d）。初看上去，答案似乎是（c）：在最多 $T_1(n)$ 个子程序调用中，每个调用最多执行 $T_3(n)$ 的操作。除了这些调用，这个算法最多执行 $T_2(n)$ 的操作。因此总体运行时间不超过 $T_1(n) \cdot T_3(n) + T_2(n)$。

对于问题之间的大多数自然转化，这种解释是正确的，包括第 1.5.2 节的 3 个例子。但是从理论上说，当输入规模为 n 时，一个转化可能会在输入大于 n 的情况下调用问题 B 的子程序。例如，假设一个转化以一个图为输入，并且由于某种原因，在调用问题 B 的子程序之前在这个图中增加了一些顶点或边。这样做的最坏后果是什么呢？由于这个转化在调用子程序之外最多执行 $T_2(n)$ 个操作，因此它还需要时间记录问题 B 的规模不超过 $T_2(n)$ 的输入。因此，问题 B 的 $T_1(n)$ 次调用的每一个最多需要 $T_3(T_2(n))$ 的操作，这样总体运行时间就是 $T_1(n) \cdot T_3(T_2(n)) + T_2(n)$。

1.6　新手错误和可接受的不准确说法

NP 问题是一个相当偏向于理论的话题，同时也是职业算法设计师和严肃的程序员密切关注的一个话题。

在教科书和科研论文之外，计算机科学家为了更方便地进行交流，常常不是那么在乎精确的数学定义。有些类型的不准确说法会让人觉得我们是笨拙的新手，但也有一些类型的不准确说法却是能够被接受的。怎么才能知道具体是哪种不准确说法呢？这正是我现在想要说明的。

新手错误#1

认为 "NP" 表示 "非多项式"[①]。

只要能够避免这个新手错误，我们并不需要记住 "NP" 实际代表什么。[②]

[①] 非多项式的首字母缩写也是 NP。——译者注
[②] 那么，NP 到底代表什么呢？第 5.3 节将详细说明这个缩写的历史渊源。不过为了照顾性急的读者，这里还是说一下，NP 表示 "非确定性的多项式时间"（nondeterministic polynomial time）。

新手错误#2

把一个问题表述为"NP 问题"或"属于 NP",而不是"NP 难题"(严格意义上讲)。

能够坚持到第 5.3 节的读者将会明白,是"NP 问题"或"属于 NP"实际上是件好事,而不是坏事。[1]因此,不要忘了"NP"后面的"难题"。

新手错误#3

认为 NP 问题无伤大雅,因为 NP 问题在实践中一般是可以解决的。

NP 问题确实不是"死刑判决",只要投入足够的人力和计算资源,许多实际应用中的 NP 问题是可以解决的。第 6 章提供了这方面的一个案例的深入分析。但是在很多应用中,由于 NP 问题所带来的挑战,计算性问题常常必须被修改甚至被放弃。(自然,人们报告自己成功解决 NP 问题的情况要远多于失败的情况!)如果实践中任何问题都是能够解决的,为什么启发式算法还这么有用呢?如果真是这样,现代的电子商务又是如何生存的呢?[2]

新手错误#4

认为计算机科技的进步会帮助我们解决 NP 问题。

摩尔定律以及越来越大的输入规模只会放大这个问题,因为多项式算法的运行时间和非多项式算法的运行时间之间的差距只会越来越大(第 1.3.2 节)。量子计算机能够提高穷举搜索的效率,但仍然不足以在多项式时间内解决任何 NP 问题(第 1.3.8 节)。

新手错误#5

在错误的方向进行转化。

---

[1] 具体地说,它意味着如果有人递给我们一个万能的解决方案(例如一个完整的数独题),我们可以在多项式时间内验证它的正确性。

[2] 电子商务依赖于像 RSA 这样的加密系统,后者的安全性依赖于大型整数的因数分解在计算上是难以处理的。任何 NP 问题如果存在多项式时间的算法,就可以通过转化,立即形成一种多项式时间的因数分解算法。

从问题 A 转化为问题 B 会把 NP 问题从 A 扩展到 B，而不是相反的方向（对比图 1.2 和图 1.3）。由于我们习惯于在进行转化时扩展可处理性而不是难处理性，因此这是最难避免的错误。每当我们认为已经证明了一个问题是 NP 问题时，要回过头来再三检查自己的转化是否处于正确的方向，也就是问题的转化方向要与难处理性的扩展方向相同。

可接受的不准确说法

接下来的 3 种说法，尽管它们并未被证明或者在理论上是不正确的，但实际上是能够被接受的。它们并不会动摇我们对 NP 问题的理解。

可接受的不准确说法#1

假设 P≠NP 猜想是正确的。

P≠NP 猜想的状态仍然是开放的，尽管大多数专家相信它是正确的。尽管我们仍然期待自己的数学理解能够跟得上自己的直觉，但大多数人把这个猜想看成自然法则。

可接受的不准确说法#2

"NP 问题"和"NP 完全问题"这两个术语是可以互换使用的。

"NP 完全问题"是一种特殊类型的 NP 问题，其细节是技术上的，将在第 5.3 节详述。它们的算法内涵是相同的：不管一个问题是 NP 完全问题还是 NP 问题，它都无法在多项式时间内解决（假设 P≠NP 猜想是正确的）。

可接受的不准确说法#3

NP 问题可以概括为在最坏情况下需要指数级的时间。

这是对第 1.3 节开始处对 NP 问题的极度简化的解释。这种概括在理论上是不准确的（参见第 1.3.9 节），但是考虑到大多数专家对 NP 问题的想法，即使我们真的这么认为，也不会有人反对。

1.7 本章要点

- 多项式时间的算法是指最坏情况运行时间为 $O(n^d)$ 的算法，其中 n 表示输入规模，d 是个常量。

- 如果一个计算性问题存在一种多项式时间的算法，且对于每种输入都能正确地解决这个问题，那么这个问题就是能够在多项式时间内解决的。

- NP 问题的理论相当于能够在多项式时间内解决的问题都是"容易的"。按照极度简化的定义，"困难的"问题就是在最坏情况下需要指数级的时间才能解决的问题。

- 按照非正式的定义，P≠NP 猜想断定验证一个问题的解决方案要比从头设计这个问题的解决方案要容易得多。

- 按照非正式的定义，一个多项式时间的算法如果能解决一个计算性问题就相当于否定了 P≠NP 猜想，那么这个问题就是 NP 问题。

- 如果一个多项式时间的算法能够解决任何一个 NP 问题，那么它能够自动解决数以千计的相关难题，这些难题是过去数十年来无数才智之士穷其精力也无法解决的。

- NP 问题是普遍存在的。

- 为了在 NP 问题上取得进展，算法设计师必须对通用性、正确性或速度之一做出妥协。

- 快速的启发性算法的运行速度很快，但它并不总是正确的。在设计这类算法时，贪心算法范例和局部搜索算法范例是极为实用的。

- 动态规划在一些 NP 问题上可以实现优于穷举搜索的结果。

- 混合整数编程和可满足性问题的解决程序组成了在实践中处理 NP 问题的前沿技术。

- 如果问题 A 可以通过调用问题 B 的子程序再加上多项式数量的额外工作

解决，那么问题 A 就可以转化为问题 B。

- 转化扩展了可处理性：如果问题 A 可以转化为问题 B，并且 B 可以由一种多项式时间的算法所解决，那么 A 也可以由一种多项式时间的算法所解决。

- 转化在扩展难处理性时的方向与上面相反：如果问题 A 可以转化为问题 B，并且 A 是 NP 问题，那么 B 也是 NP 问题。

- 为了证明问题 B 是 NP 问题：(i)选择一个 NP 问题 A；(ii)证明 A 可以转化为 B。

1.8 章末习题

问题 1.1 （S）假设我们所关注的一个计算性问题 B 是一个 NP 问题。下面哪些说法是正确的？（选择所有正确的答案。）

（a）NP 问题是"死刑判决"，如果我们的应用存在问题 B 的一个相关实例，那就不必"枉费心机"了。

（b）如果老板指责我们没有找到问题 B 的一种多项式时间的算法，我们可以理直气壮地回应有数以千计的才华横溢之士也曾努力寻找问题 B 的解决方案，但他们也都失败了。

（c）我们不应该指望能够设计出一种对于该问题的每个实例都能在多项式时间内正确地予以解决的算法（除非我们明确地想要否定 P≠NP 猜想）。

（d）由于动态规划算法只适用于设计准确的算法，因此用它来解决问题 B 是没有意义的。

问题 1.2 （S）下面哪些说法是正确的？（选择所有正确的答案。）

（a）MST 问题在计算上是可处理的，因为一个图的生成树的数量相对于顶点的数量 n 和边的数量 m 是多项式级别的。

（b）MST 问题在计算上是可处理的，因为一个图的一棵生成树的总成本最

多只有 *m* 种可能性。

（c）穷举搜索并不能在多项式时间内解决 TSP，因为一个图具有指数级数量的旅行商路线。

（d）TSP 在计算上是难以处理的，因为一个图具有指数级数量的旅行商路线。

问题 1.3　（S）下列哪些说法是正确的？（选择所有正确的答案。）

（a）如果 P≠NP 猜想是正确的，那么 NP 问题实际上是永远无法解决的。

（b）如果 P≠NP 猜想是正确的，那么没有一个 NP 问题可以由一种总是正确并且总能在多项式时间内完成的算法所解决。

（c）如果 P≠NP 猜想是错误的，那么 NP 问题实际上是可以解决的。

（d）如果 P≠NP 猜想是错误的，那么有些 NP 问题可以在多项式时间内解决。

问题 1.4　（S）P≠NP 猜想提示了哪些结论？（选择所有正确的答案。）

（a）解决 NP 问题的每种算法在最坏情况下的运行时间都超过多项式时间。

（b）解决 NP 问题的每种算法在最坏情况下的运行时间都是指数级时间。

（c）解决 NP 问题的每种算法的运行时间总是超过多项式时间。

（d）解决 NP 问题的每种算法的运行时间总是指数级时间。

问题 1.5　（S）假设问题 A 可以转化为另一个问题 B。下面哪些说法总是正确的？（选择所有正确的答案。）

（a）如果 A 能够在多项式时间内解决，则 B 也能够在多项式时间内解决。

（b）如果 B 是 NP 问题，则 A 也是 NP 问题。

（c）B 也可以转化为 A。

（d）B 无法转化为 A。

（e）如果问题 B 可以转化为另一个问题 C，则 A 也可以转换为 C。

问题 1.6　（S）假设 P≠NP 猜想是正确的。关于背包问题（第 1.4.2 节）的下列说法哪些是正确的？（选择所有正确的答案。）

（a）所有物品的大小都是正整数并且小于或等于 n^5 的特殊情况（其中 n 是物品的数量）是可以在多项式时间内解决的。

（b）所有物品的价值都是正整数并且小于或等于 n^5 的特殊情况（其中 n 是物品的数量）是可以在多项式时间内解决的。

（c）所有物品的价值、所有物品的大小以及背包的容量都是正整数的特殊情况是可以在多项式时间内解决的。

（d）通用的背包问题不存在多项式时间的算法。

1.8.1   挑战题

问题 1.7（H）旅行商路径问题（TSPP）的输入与 TSP 的输入相同，目标是计算一条访问每个顶点的无环最低成本路径（也就是不存在最终边的路径）。证明 TSPP 可以转化为 TSP，反之亦然。

问题 1.8（H）这个问题描述了 TSP 的一个计算上可处理的特殊情况。考虑一个无环连通图 $T = (V, F)$，它的每条边 $e \in F$ 具有非负的长度 $a_e \geqslant 0$。定义 TSP 的一个对应树实例 $G = (V, E)$，把每条边 $(v, w) \in E$ 的成本 c_{vw} 设置为等于 T 中唯一的 v–w 路径 P_{vw} 的长度 $\sum_{e \in p_{vw}} a_e$。示例如图 1.12 所示。

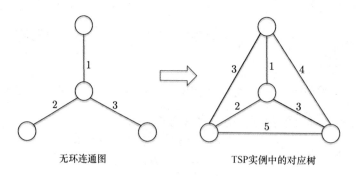

无环连通图   TSP实例中的对应树

图 1.12   示例图

定义一个线性时间的算法，根据一个边长非负的无环连通图，输出对应树实例的一条最低成本的旅行商路线。然后证明这个算法是正确的。

1.8.2 编程题

问题 1.9 用自己擅长的编程语言实现 TSP 的穷举搜索算法（如小测验 1.2 所示）。为自己的实现增加一个新变化，使实例中各边的成本都是独立的，并且统一随机分布于 { 1 , 2 ,⋯, 100 } 这个集合中。在 1 分钟的时间内，我们的程序能够可靠地处理多大的输入规模？在 1 小时内又是如何呢？（关于测试用例和挑战数据集，可以参考 algorithmsilluminated 网站。）

第 2 章 ◖

正确性的妥协：高效的不准确算法

对于 NP 问题，我们无法做到尽善尽美，必须在通用性、准确性和速度之中放弃其一。在通用性和速度至关重要的场合，可以考虑并不总是正确的启发式算法，目标是尽量减少损失，并设计一种通用、快速的算法，尽量做到"近似正确"。本章将通过具体的例子详细讨论如何使用新技巧（例如局部搜索）和旧技巧（例如贪心算法）来实现这个目的。本章的案例分析包括工时调度（第 2.1 节）、队伍成员选择（第 2.2 节）、社交网络分析（第 2.3 节）和TSP（第 2.4 节）。

2.1　完成工时最小化

我们的第 1 个案例研究与调度有关，它的目标是对共享资源的任务进行分配，从而实现对某个目标的优化。例如，资源可能表示计算机处理器（任务对应于作业）、教室（任务对应于课程）或工作日（任务对应于会议）。

2.1.1　问题定义

在调度问题中，需要完成的任务通常称为作业，资源通常称为机器。一项调度指定了处理每个作业的机器。可能的调度方案数量众多，我们该选择哪一种？

假设每个作业 j 具有已知的长度 ℓ_j，它表示处理这个作业所需要的时间（例如，一堂课或一个会议的时长）。我们将考虑一个最常见的应用目标，就是对作业进行调度，使它们能够尽快完成。下面的目标函数正式定义了这个思路，它为每个调度分配一个数值分数，以对我们的需求进行量化。

调度的完成工时

1. 在一个调度中，机器的负载是分配给它的作业的长度之和。

2. 一个调度的完成工时是机器的最大负载。

不管每台机器的作业顺序如何，机器的负载和完成工时是相同的，因此调度只指定了分配给机器的作业，并没有指定作业的顺序。

小测验 2.1

图 2.1 所示的调度的完成工时是什么？（作业以长度为标签。）

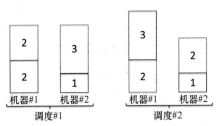

图 2.1　多个调度

（a）4 和 3

（b）4 和 4

（c）4 和 5

（d）8 和 8

（关于正确答案和详细解释，参见第 2.1.9 节。）

"最优"调度就是具有最小完成工时的调度。例如，在小测验 2.1 中，第 1 个调度是唯一具有最小完成工时的调度。

问题：完成工时最小化

输入：一组 n 个作业，它们分别具有正的长度 ℓ_1，ℓ_2，$\cdots$，ℓ_n 和 m 台相同的机器。

输出：作业与机器的一种分配方案，其具有最小的完成工时。

例如，如果作业表示一个计算性任务中并行处理的各个部分（例如组成 MapReduce 或 Hadoop 程序的作业），调度的完成工时就决定了整个计算的完成时间。

完成工时最小化问题是 NP 问题（参见问题 4.10）。是不是存在一种通用、快速并且"几乎正确"的算法呢？

2.1.2　贪心算法

对于许多计算性问题（包括容易的和困难的），贪心算法是开启头脑风暴的良好起点。下面简要地回顾贪心算法范例（读者可以参阅"算法详解"系列图书第 3 卷第 1 章）：

贪心算法范例

通过一系列的短视决策，迭代地构建一个解决方案，希望最终的结果能够如人所愿。

贪心算法最大的两个卖点是它们通常并不容易被设计出来以及它们的速度一般非常快。缺点是大多数贪心算法在有些情况下会返回不正确的答案。但是对于 NP 问题而言，这个缺点对于所有的快速算法都是存在的：没有任何多项式时间的算法能够正确地处理所有的输入（和往常一样，假设 P≠NP 猜想是正确的）！因此，贪心算法范例特别适合为 NP 问题设计快速的启发式算法，它在本章中也扮演着明星角色。

2.1.3 Graham 算法

完成工时最小化问题的贪心算法是什么样子的呢？也许最简单的方法是 Single-Pass 算法，即采用不可撤销的方式把作业逐个分配给机器。作业应该被分配给哪台机器呢？由于我们寻求的是最平衡的调度策略，因此显而易见的贪心策略是把作业分配给能够最好地容忍它的机器，也就是当前负载最小的机器。这种贪心算法称为 Graham 算法。[①]

Graham 算法

输入：一组机器 $\{1, 2, \cdots, m\}$ 和一组作业 $\{1, 2, \cdots, n\}$，后者具有正的长度 ℓ_1, ℓ_2, $\cdots$, ℓ_n。

输出：作业与机器的一个分配方案。

```
   // 初始化
1  for i = 1 to m do
2      J_i := ∅                    // 分配给机器 i 的作业
3      L_i := 0                    // 机器 i 的当前负载
   // 主循环
4  for j = 1 to n do
5      k := argmin_{i=1}^{m} L_i    // 最小负载的机器 [②]
6      J_k := J_k ∪ {j}            // 分配当前作业
7      L_k := L_k + ℓ_j            // 更新负载
8  return J_1, J_2, ..., J_m
```

关于伪码

"算法详解"系列图书在解释算法时混合使用了高级伪码和日常语言（就像上文一样），并假设读者有能力把这种高级描述转换为自己所擅长的

[①] 由 Ronald L. Graham 在他的论文 "Bounds on Multiprocessing Time Anomalies"（*SIAM Journal on Applied Mathematics*，1969 年）中提出。

[②] 对于一个实数序列 $a_1, a_2, \cdots, a_n$，$\mathrm{argmin}_{i=1}^{n} a_i$ 表示最小数的索引。（如果有几个数都是最小数，那么这个函数任意选择其中之一。）$\mathrm{argmax}_{i=1}^{n} a_i$ 函数的定义与此相似。

编程语言的工作代码。有些图书和网络上的一些资源提供了某种特定的编程语言的各种算法的具体实现。

用高级描述代替特定语言的实现的第一个优点是它的灵活性：我假设读者熟悉某种编程语言，但我并不关注具体是哪种。其次，这种方法可以帮助我们在一个更深的概念层次上加深对算法的理解，而不被底层细节所干扰。经验丰富的程序员和计算机科学家一般是站在较高的层次上对算法进行思考和交流的。

但是，要对算法有深入的理解，那么最好能够亲自实现它们。我强烈建议读者只要有时间，就应该尽可能多地实现本书所描述的算法。（这也是学习一种新的编程语言的合适借口！）每章最后的编程问题提供了这方面的指导意见。

2.1.4　运行时间

Graham 算法是否足够好呢？和其他贪心算法一样，它的运行时间很容易分析。如果第 5 行的 argmin 计算是对 m 种可能性进行穷举搜索实现的，那么主循环的 n 次迭代的运行时间均为 $O(m)$（例如，用链表实现 J_i）。由于在主循环之外只执行 $O(m)$ 的工作，因此这种简单实现的运行时间是 $O(mn)$。

熟悉数据结构的读者应该认识到这里存在改进的机会。这个算法所完成的工作可以归结为重复的最小值计算，因此我们应该灵光一闪：这个算法需要堆数据结构！① 由于堆可以把最小值计算的运行时间从线性级削减为对数级，因此堆的使用将使 Graham 算法具有速度炫目的 $O(n\log m)$ 时间的实现。问题 2.6 将要求我们完成具体的细节。

2.1.5　近似的正确性

Graham 算法所创建的调度方案的完成工时是怎么样的呢？

---

① 参见"算法详解"系列图书第 2 卷的第 4 章。

小测验 2.2

假设有 5 台机器，并且有一个作业列表包含了 20 个长度均为 1 的作业，还有 1 个长度 5 的作业。Graham 算法所生成的调度方案的完成工时是多少？这些作业经过调度后能够实现的最小完成工时又是多少？

（a）5 和 4

（b）6 和 5

（c）9 和 5

（d）10 和 5

（关于正确答案和详细解释，参见第 2.1.9 节。）

小测验 2.2 说明了 Graham 算法并不总能产生最优的调度方案。这并不令人奇怪，因为这个问题是 NP 问题，并且这个算法能够实现多项式的运行时间。（如果这个算法还能做到始终正确，那就否定了 P≠NP 猜想！）即使如此，小测验 2.2 的例子应该会让我们陷入思索。在面对更加复杂的输入时，Graham 算法的表现会不会更差呢？令人庆幸的是，小测验 2.2 中这种类型的例子已经是它表现最差的时候了。

定理 2.1（**Graham 算法：近似正确性**） Graham 算法所输出的调度方案的完成工时最多不超过 $\left(2-\dfrac{1}{m}\right)\times$ 最小完成工时，其中 m 表示机器的数量。[①②]

因此，Graham 算法对于最小完成工时问题而言是一种"近似正确的"算法。我们可以把定理 2.1 看成一种保险策略。即使在小测验 2.2 这样具有欺骗性输入的"阴险"场景中，这个算法产生的调度方案的完成工时也不会超过通过穷举搜索法所得到的最优结果的两倍。对于更加现实的输入，我们可以期待 Graham 算法能够超水平发挥，它所实现的完成工时非常接近于最佳情况。另参见问题 2.1。

---

① 为了把小测验 2.2 中的糟糕例子用任意的机器数量 m 进行归纳，可以使用 $m(m-1)$ 个长度 1 的作业，加上 1 个长度 m 的作业。

② $\left(2-\dfrac{1}{m}\right)$ 有时称为算法的近似率，也称为一种 $\left(2-\dfrac{1}{m}\right)$ 近似的算法。

第 2.1.6 节是对定理 2.1 的完整证明。时间有限或者患有数学恐惧症的读者可能更倾向于简单而又准确的直觉。

对定理 2.1 的直觉

1. 最小机器负载最多为（等于）完美平衡调度中的机器负载，因此也是最小完成工时（因为最佳场景就是完美平衡的调度）。

2. 根据 Graham 算法的贪心标准，最大机器负载和最小机器负载之差最多不超过一个作业的长度，因此理论上的最小完成工时是那个最长作业的完成工时（因为每个作业都会被分配给机器）。

3. 因此，这个算法输出的最大机器负载最多为理论上的最小完成工时的两倍。

2.1.6　定理 2.1 的证明

关于定理 2.1 的正式证明，可以确定一个由长度分别为 ℓ_1，ℓ_2，…，ℓ_n 的 n 个作业和 m 台机器所组成的实例。直接把最小完成工时 M^* 与 Graham 算法所输出的调度的完成工时进行比较是非常麻烦的。不过，我们可以对 M^* 的两个容易计算的下界即最大工时长度和平均机器负载进行分析，它们很容易与 M 进行关联，最终可以证明 $M \leq (2 - \dfrac{1}{m})M^*$。

M^* 的第一个下界非常简单：由于每个作业都必须被分配，因此完成工时不可能小于任何一个作业的长度。

辅助结论 2.1（最小完成工时的下界#1）　如果 M^* 表示任意调度的最小完成工时，并且 j 是作业，那么

$$M^* \geq \ell_j \tag{2.1}$$

按照更通用的说法，在每个调度中，每个作业 j 被分配给一台机器 i，并使后者的负载 L_i 增加了 ℓ_j。因此在每个调度中，机器的负载之和等于作业长度之和：$\sum_{i=1}^{m} L_i = \sum_{j=1}^{n} \ell_j$。在一个完美的调度中，每台机器都具有理想的负载，也

就是总量的 $\frac{1}{m}$（即 $\frac{1}{m}\sum_{j=1}^{n}\ell_j$）。在其他任何调度中，有些机器的负载大于理想负载，有些则小于理想负载。例如，在小测验 2.1 中，第一个调度中的两台机器都具有理想负载。但在第二个调度中，两台机器都不是理想负载（一台大于理想负载，另一台则小于理想负载）。

M^* 的第 2 个下界来自下面这个事实：每个调度都存在一台负载大于或等于理想负载的机器。

辅助结论 2.2（最小完成工时的下界#2） 如果 M^* 表示任意调度的最小完成工时，则

$$M^* \geqslant \underbrace{\frac{1}{m}\sum_{j=1}^{n}\ell_j}_{\text{理想负载}} \tag{2.2}$$

最后一个步骤是把 Graham 算法所产生的调度的完成工时 M 与辅助结论 2.1 和 2.2 所引入的两个下界进行绑定。设 i 表示这个调度中具有最大负载的那台机器（即负载 L_i 等于 M），j 是分配给这台机器的最后一个作业（见图 2.2（a））。把算法回退到 j 的分配之前，并设 $\widehat{L}_i$ 表示 i 在那个时候的负载。这台机器的新负载也就是最终负载（因此也是完成工时 M）是 $\ell_j + \widehat{L}_i$。

$\widehat{L}_i$ 可以有多大？根据 Graham 算法的贪心标准，i 是当时负载最轻的机器（图 2.2（b））。如果 j 之前的作业 $\{1, 2, \cdots, j-1\}$ 在所有机器之间做到了完美平衡，那么此时所有机器的负载都是 $\frac{1}{m}\sum_{h=1}^{j-1}\ell_h$。否则，最轻负载 $\widehat{L}_i$ 只会更小。不管是哪种情况，最终完成工时 $M = \ell_j + \widehat{L}_i$ 最多不超过

$$\ell_j + \frac{1}{m}\sum_{h=1}^{j-1}\ell_h \leqslant \ell_j + \frac{1}{m}\sum_{h\neq j}\ell_h,$$

方便起见，右边加入了缺少的（正的）项 ℓ_{j+1}/m，ℓ_{j+2}/m，$\cdots$，ℓ_n/m。把 ℓ_j/m 从第 1 项转移到第 2 项，可以得到下面的写法：

$$M \leqslant \underbrace{\left(1 - \frac{1}{m}\right) \cdot \ell_j}_{\leqslant \left(1 - \frac{1}{m}\right)M^*} + \underbrace{\frac{1}{m}\sum_{h=1}^{n}\ell_h}_{\leqslant M^*} \leqslant \left(2 - \frac{1}{m}\right) \cdot M^*, \tag{2.3}$$

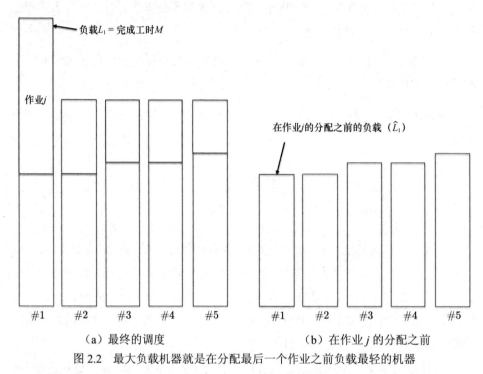

（a）最终的调度　　　　　　　　（b）在作业 j 的分配之前

图 2.2　最大负载机器就是在分配最后一个作业之前负载最轻的机器

　　式（2.3）是从辅助结论 2.1（绑定了第 1 项）和辅助结论 2.2（绑定了第 2 项）推导而得的。这样我们就完成了定理 2.1 的证明。证毕。

2.1.7　最长处理时间优先（LPT）

　　定理 2.1 的近似正确性保证这样的保险策略能够让我们感到安心，但我们仍然有义务向自己追问：能不能做得更好？能不能设计一种不同的快速启发式算法，使"不准确性"更小一些，从而提供一种折扣更低的保险策略呢？可以，只要通过一种我们所熟悉的零代价的基本算法。

零代价的基本算法

我们可以把具有线性或近似线性运行时间的算法看作本质上 "零代价" 的基本算法，因为它们所使用的计算量比读取输入多不了多少。当我们的问题存在一个相关联的具有令人惊叹的高速度的基本算法时，为什么不使用它呢？例如，我们总是可以在一个预处理步骤中计算一个无向图的最小生成树，即使我们并不知道这个数据以后是否有用。本系列图书的目的之一就是让我们的算法工具箱内包含尽可能多的零代价基本算法，在需要的时候可以随时应用。

在小测验 2.2 的例子中，Graham 算法存在什么问题呢？它完美地平衡了那些长度 1 的作业，导致那个长度 5 的作业没有了合适的位置。只有当这个算法首先考虑那个长度 5 的作业时，其他所有作业才能清晰地各就各位。按照更普遍的说法，定理 2.1 的第 2 个直觉（第 44 页）以及它的证明的最后一个步骤［不等式（2.3）］都建议分配给最大负载机器［不等式（2.3）中的作业 j］的最后一个作业应该尽可能地小。这就提议了一种最长处理时间优先（LPT）的算法（也是由 Graham 所提出），它把最小的作业留到最后分配。

LPT 算法

输入/输出：与 Graham 算法相同。

从最长到最短对作业进行排序。

对排序后的作业运行 Graham 算法。

如果使用 MergeSort 这样的算法，第一个步骤可以实现 $O(n\log n)$ 的运行时间（n 个作业）。如果 Graham 算法是用堆实现的（问题 2.6），那么这两个步骤都可以在近似线性时间内完成。[①]

[①] Graham 算法是 "在线算法" 的一个例子：即使作业是逐个出现的并且在出现之后需要立即进行调度，这种算法也是适用的。LPT 算法并不是在线算法，它需要预先知道所有的作业，以便按长度对它们进行排序。

小测验 2.3

假设有 5 台机器，3 个长度 5 的作业，2 个长度 6 的作业，2 个长度 7 的作业，2 个长度 8 的作业和 2 个长度 9 的作业。LPT 算法所输出的调度的完成工时是多少？这些作业经过调度之后能够实现的最小完成工时又是多少？

（a）16 和 15

（b）17 和 15

（c）18 和 15

（d）19 和 15

（关于正确答案和详细解释，参见第 2.1.9 节。）

同样，由于完成工时最小化问题是 NP 问题，并且 LPT 算法能够实现多项式的运行时间，我们完全可以预料到在这些例子中 LPT 算法无法保证始终是最优的。但是，它是不是相比 Graham 算法提供了更好的保险策略呢？

定理 2.2（LPT：近似正确性） LPT 算法所输出的调度的完成工时最多不超过最小完成工时的 $\left(\dfrac{3}{2} - \dfrac{1}{2m}\right)$ 倍，其中 m 表示机器的数量。

从直觉上说，对作业进行排序减少了一个单独的作业可能造成的损失（即最大机器负载与最小机器负载之差），从最大的 M^*（理论上的最小完成工时）减少为 $M^*/2$。

思维敏捷的读者可能已经注意到小测验 2.3 这个糟糕例子（算法产生的完成工时与理论最小完成工时之比高达 $19/15 \approx 1.267$）和定理 2.2 的保证（当 $m = 5$ 时，承诺这个比率最多为 $14/10 = 1.4$）之间所闪现的曙光。通过一些额外的论证（在问题 2.7 中所规划），定理 2.2 的保证可以从 $\left(\dfrac{3}{2} - \dfrac{1}{2m}\right)$ 重定义为 $\left(\dfrac{4}{3} - \dfrac{1}{3m}\right)$。这样一来，小测验 2.3 中的例子对于 LPT 算法来说虽然仍然很糟糕，但是与 Graham 算法相比，我们可以期望 LPT 算法对于更加现实的输入能够产生更好的结果。[①]

---

① 还有一些更高级的算法能够实现更好的近似正确性保证，这些算法在理论上能够实现多项式的运行时间，但实际上非常缓慢。如果在自己的工作中遇到完成工时最小化问题，LPT 算法是一个非常出色的选择。

2.1.8 定理 2.2 的证明

定理 2.2 的证明沿用了定理 2.1 的证明，并通过辅助结论 2.1 的一种变型（适用于作业按照从长到短的顺序进行排序之后）进行了改进。

辅助结论 2.3（**下界#1 的变型**） 如果 M^* 表示任何调度的最小完成工时，并且作业 j 并不在前 m 个最长的作业（如果出现平局则任意分配）之中，则

$$M^* \geqslant 2\ell_j \qquad\qquad (2.4)$$

证明：根据鸽笼原则，每个调度必须把最长的前（$m + 1$）个作业的其中两个分配给同一台机器。[①] 因此，它的最小完成工时至少是第（$m + 1$）长的作业长度的 2 倍，也就是至少为 $2\ell_j$。证毕。

现在是定理 2.2 的证明：在定理 2.1 的证明的最后一步中，设 i 表示 LPT 算法所产生的调度中具有最大负载的机器，j 是分配给它的最后一个作业（图 2.1（a））。假设至少还有一个其他作业被分配给 i（在 j 之前），否则就没有可证明的。[②]

这个算法把前 m 个作业分配给不同的机器（每台机器在此时都是空闲的）。因此，作业 j 不可能是前 m 个作业之一。根据 LPT 的贪心标准，作业 j 不可能是前 m 个最长的作业。辅助结论 2.3 告诉我们 $2\ell_j \leqslant M^*$，其中 M^* 是理论上的最小完成工时。把这个改进后的下界（相对于辅助结论 2.1）插入到不等式（2.3）中，证明了 LPT 算法所实现的完成工时满足

$$M \leqslant \underbrace{\left(1 - \frac{1}{m}\right) \cdot \ell_j}_{\leqslant \left(1-\frac{1}{m}\right) \cdot (M^*/2)} + \underbrace{\frac{1}{m}\sum_{h=1}^{n} \ell_h}_{\leqslant M^*} \leqslant \left(\frac{3}{2} - \frac{1}{2m}\right) \cdot M^*$$

---

① 鸽笼原则是一个显而易见的事实，不管我们怎么努力把（$n + 1$）只鸽子放到 n 个鸽笼中，至少有 1 个鸽笼必须放入 2 只鸽子。

② 如果 j 是唯一一分配给 i 的作业，那么这个算法的调度具有完成工时 ℓ_j，没有其他调度可以做得更好（根据辅助结论 2.1）。

2.1.9　小测验 2.1～2.3 的答案

小测验 2.1 的答案

正确答案：（c）。在第 1 个调度中，机器负载是 2 + 2 = 4 和 1 + 3 = 4，在第 2 个调度中是 2 + 3 = 5 和 1 + 2 = 3。由于完成工时是最大机器负载，因此这两个调度的完成工时分别是 4 和 5。

小测验 2.2 的答案

正确答案：（c）。Graham 算法将前 20 个作业均匀地分配给各台机器（每台机器都分配了 4 个长度 1 的作业）。最后一个长度 5 的作业不管怎么调度，都会导致完成工时达到 9，如图 2.3 所示。

另外，保留一台机器专门完成这个大作业，并把 20 个小作业均匀地分配给剩余的 4 台机器能够实现一种完美平衡的调度，完成工时为 5，如图 2.4 所示。

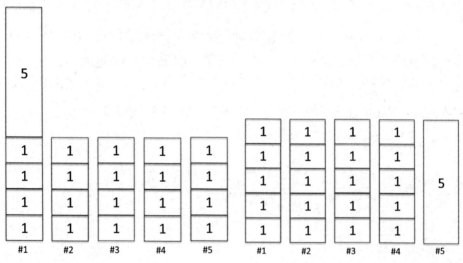

图 2.3　将 20 个作业均匀地分给各台机器　　图 2.4　一台机器用于大作业，其余的 4 台机器均分 20 个小作业

小测验 2.3 的答案

正确答案：（d）。最优的调度是完美平衡的，3 个长度 5 的作业分配给同一

台机器，其他每台机器要么接收 1 个长度 9 的作业加 1 个长度 6 的作业，要么接收 1 个长度 8 的作业加 1 个长度 7 的作业，如图 2.5 所示。

这个调度的完成工时是 15。当 LPT 算法准备分配最后那个长度 5 的作业时，所有机器的负载都已经达到了 14，因此最终的完成工时高达 19，如图 2.6 所示。

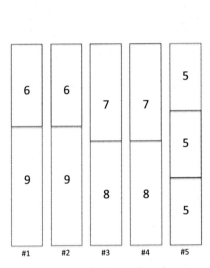

图 2.5　完美平衡的调度

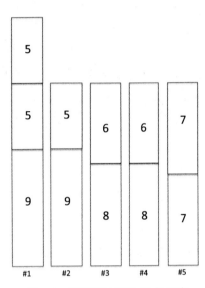

图 2.6　最高工时高达 19 的调度

2.2　最大覆盖

假设我们负责组建一支队伍，例如在公司中为了完成一个项目或者在梦幻体育联盟游戏中进行整个赛季的比赛。我们只能雇佣有限数量的人员。每个潜在的队伍成员都拥有一些技能组合，例如他们所掌握的编程语言或者他们能够胜任的场上位置。我们想要组建一支多才多艺的队伍，并拥有尽可能多的技能。我们应该挑选哪些人呢？

2.2.1　问题定义

在最大覆盖问题中，输入由一个基础集合 U 的 m 个子集 $A_1, A_2, \cdots, A_m$ 加

上一个预算 k 所组成。例如，在一个队伍雇佣应用中，基础集合 U 对应于队伍成员可能拥有的所有技能，每个子集 A_i 对应于一位潜在的队伍成员，这个子集的元素表示这位候选人所拥有的技能。这个问题的目标是选择 k 个子集，使它们的覆盖范围达到最大，也就是它们所包含的基础集合的元素数量达到最多。在队伍雇佣问题中，覆盖对应于队伍所拥有的不同技能的数量。

问题：最大覆盖

输入：一个基础集合 U 的 m 个子集 A_1，A_2，$\cdots$，A_m 和一个正整数 k。

输出：由 k 个索引值所组成的一种选择 $K \subseteq \{ 1, 2, \cdots, m \}$，使对应子集的覆盖 $f_{\mathrm{cov}}(K)$ 达到最大，其中：

$$f_{\mathrm{cov}}(K) = \left| \bigcup_{i \in K} A_i \right| \tag{2.5}$$

小测验 2.4

观察一个包含 16 个元素的基础集合 U 以及它的 6 个子集，如图 2.7 所示。

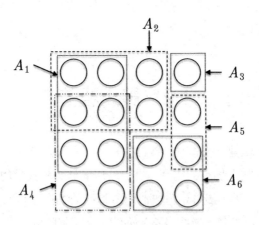

图 2.7　包含 16 个元素的基础集合 U

4 个子集能够实现的最大覆盖是多少呢？

（a）13

（b）14

（c）15

（d）16

（关于正确答案和详细解释，参见第 2.2.8 节。）

最大覆盖问题是非常复杂的，因为子集之间存在重叠。例如，有些技能可能很常见（由许多子集所覆盖），还有一些可能很少见（只有少量子集覆盖）。理想的子集就是子集本身较大，但冗余元素数量较少，拥有许多独特技能的队伍成员是最受欢迎的。

2.2.2　更多的应用

最大覆盖问题可以说是无处不在，而不仅仅是在队伍雇佣应用中。例如，假设我们想在一座城市中为 k 个新的消防站选择位置，使生活在消防站一公里范围内的居民数量尽可能最多。这也是一个最大覆盖问题，基础集合中的元素对应于该城市的所有居民，每个子集对应于一个候选消防站位置，子集中的元素对应于生活在该位置一公里范围内的居民。

下面是一个更复杂的例子，假设我们想要劝导人们在一个事件中出场，例如参加一个音乐会。我们首先需要安排这个事件，然后花时间说服自己的 k 个朋友参加这个事件。但是，我们所说服的朋友可能会带上他们自己的朋友，后者又可能带上自己的朋友，接下来依此类推。我们可以用有向图形象地说明这个问题，图中的顶点对应于人，每条从 v 到 w 的边表示 w 会随 v 参加这个事件。如图 2.8 所示，说服朋友 1 最终会导致 4 个人出场（1、2、3 和 5）。朋友 6 只有在我们直接劝说的情况下才可能出场。但是如果 6 愿意出场，那么还有 4 个人也会随之出场（3、5、7 和 8）。

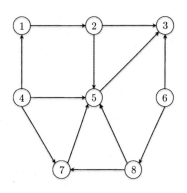

图 2.8　最大覆盖问题的应用示意图

事件参与人数最大化也是最大覆盖问题。

基础集合的元素对应于人，即图的顶点。每个人都有一个子集，表示哪些人会随他参加这个事件，即从这个顶点出发通过有向边可以到达的顶点有哪些。对 k 个人的成功劝说所触发的总参与人数相当于 k 个对应的子集所实现的覆盖。

2.2.3　一种贪心算法

最大覆盖问题是 NP 问题（参见问题 4.8）。如果我们不想放弃速度，就可以考虑启发性算法。短视地逐个选择子集的贪心算法再次成为一个显而易见的起点。

当我们只能挑选 1 个子集（$k = 1$）时，这个问题很容易解决，只要选择那个最大的子集就可以了。假设 $k = 2$ 并且我们已经挑选了最大的子集 A。第 2 个挑选的子集应该是哪一个？现在的问题在于子集中未被 A 所覆盖的元素，因此合理的贪心标准是使新覆盖的元素数量最大化。把这个思路扩展到任意的预算 k 就产生了最大覆盖问题下面的这个著名的贪心算法，其中覆盖函数 f_{cov} 是在式（2.5）中定义的：[1]

GreedyCoverage 算法

输入：一个基础集合 U 的 m 个子集 A_1, A_2, $\cdots$, A_m 和一个正整数 k。

输出：k 个索引值所组成的一个集合 $K \subseteq \{ 1, 2, \cdots, m \}$。

```
1   K := ∅              // 被选中的子集的索引
2   for j = 1 to k do  // 逐个选择子集
        // 贪心地增加覆盖
        //（按任意的方式决定平局的先后）
3       i* := argmax_{i=1}^{m} [ f_cov(K∪{i}) - f_cov(K) ]
4       K := K∪{ i* }
5   return K
```

简单起见，第 3 行的 argmax 对所有的子集进行检查。它也可以把注意力限制在那些在以前的迭代中没有被选中的子集。

---

[1]　首先是由 Gérard P. Cornuéjols、Marshall L. Fisher 和 George L. Nemhauser 在论文 "Location of Bank Accounts to Optimize Float: An Analytic Study of Exact and Approximate Algorithms"（Management Science, 1977 年）中所分析的。

2.2.4 GreedyCoverage 算法的糟糕例子

GreedyCoverage 算法很容易实现多项式的运行时间。[①]由于最大覆盖问题是
NP 问题，所以我们可以预料到这个算法的例
子输出的是近似最优的解决方案（否则它就否
定了 P≠NP 猜想）。示例如图 2.9 所示。

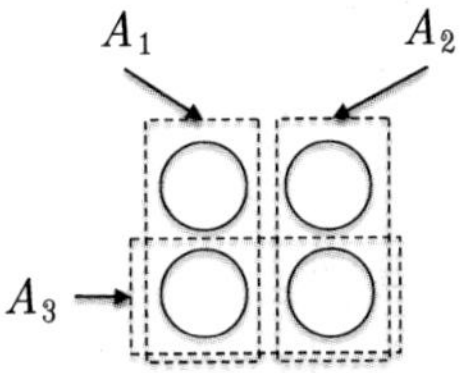

假设 $k = 2$。最优解决方案是选择子集 A_1
和 A_2，覆盖全部 4 个元素。这个贪心算法（平
局时任意选择先后）可能在第 1 次迭代时挑选了子集 A_3，它在第 2 次迭代时只
能选择 A_1 或 A_2，这样就只能覆盖全部 4 个元素的其中 3 个。

图 2.9　包含 4 个元素的基础集合

GreedyCoverage 算法是不是还存在更加糟糕的例子？至少对于更大的预算
k，答案是肯定的。

小测验 2.5

观察图 2.10 所示的这个包含 81 个元素的基础集合以及它的 5 个子集。

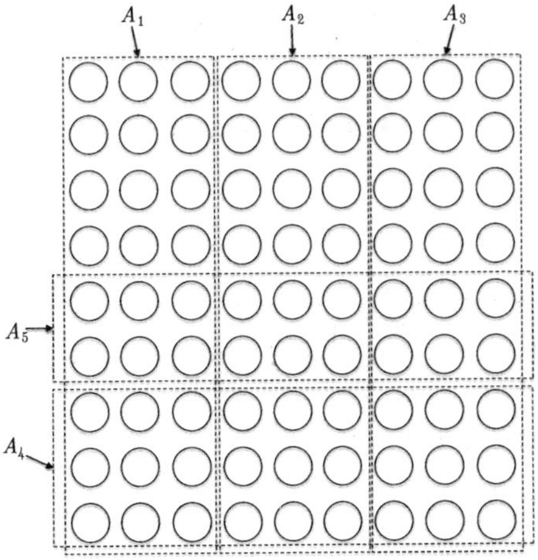

图 2.10　包含 81 个元素的基础集合

---

① 例如，在第 3 行通过穷举搜索法在 m 个子集中计算 argmax，它通过对一个子集 A_i 的元素进行单次遍
历，计算 A_i 所提供的额外覆盖 $f_{cov}(K \cup \{i\}) - f_{cov}(K)$。一种简单实现的运行时间是 $O(kms)$，其中 s 表
示一个子集的最大大小（最大不超过 $|U|$）。

如果 $k = 3$，那么在 GreedyCoverage 算法（出现平局时任意选择）所产生的输出中，（i）最大可能的覆盖和（ii）最小可能的覆盖分别是什么？

（a）72 和 60

（b）81 和 57

（c）81 和 60

（d）81 和 64

（关于正确答案和详细解释，参见第 2.2.8 节。）

因此，当 $k = 2$ 时，GreedyCoverage 算法可能只捕捉了可覆盖元素的 75%。当 $k = 3$ 时，情况更是可能糟糕到只有 57/81 = 19/27≈70.4%。情况还能糟糕到什么程度？问题 2.8（a）要求我们把这个模式扩展到所有的正整数 k，因此就有了下面这个命题。[①]

命题 2.1（GreedyCoverage 算法的糟糕例子）   对于每个正整数 k，存在最大覆盖问题的一个实例，其中：

（a）存在 k 个子集能够覆盖整个基础集合；

（b）若平局时任意选择，GreedyCoverage 算法可能只覆盖了全部元素的 $1-(1-\frac{1}{k})^{k}$。[②]

在一个复杂的表达式中把握一个变量的含义的最容易方法就是画出它的图形。按照这个建议观察函数 $1-(1-\frac{1}{x})^{x}$ 可以发现它呈下降趋势，但是逐渐逼近大约 63.2%的渐进线，如图 2.11 所示。

出现这种情况的原因是当 x 非常接近于 0 时，$1-x$ 可以很好地由 e^{-x} 进行模拟（我们可以通过画图或 e^{-x} 的泰勒展开式进行验证）。因此，表达式 $1-(1-\frac{1}{k})^{k}$

---

① 平局时任意选择先后的方式非常方便，但对于这些例子来说并不重要，参见问题 2.8（b）。

② 注意，当 $k = 2$ 时，$1-(1-\frac{1}{k})^{k} = 1-(1-\frac{1}{2})^{2} = \frac{3}{4}$。$k = 3$ 时，$1-(1-\frac{1}{k})^{k} = 1-(1-\frac{1}{3})^{3} = \frac{19}{27}$。

在 k 趋向无穷时逼近 $1-(e^{-1/k})^k = 1-\dfrac{1}{e} \approx 0.632$ 。[①]

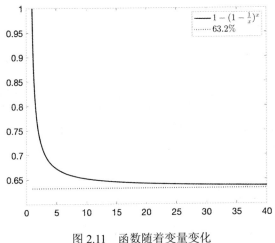

图 2.11 函数随着变量变化

2.2.5 近似正确性

像 $1-\dfrac{1}{e}$ 这样奇怪的数在超级简单的 GreedyCoverage 算法的近似正确性方面起到了什么作用呢？我们在小测验 2.5 和小测验 2.6 所编造的例子是不是人为痕迹太过明显呢？恰好相反，下面这个近似正确性保证证明了它们是 GreedyCoverage 算法的最坏例子，说明了它的近似正确性与 $1-(1-\dfrac{1}{k})^k$ 和 $1-\dfrac{1}{e}$ 这两个数之间密不可分的联系。[②③]

---

① 这里的 e = 2.718···，也就是自然对数，又称欧拉数。

② 更加奇怪的是：假设 P≠NP 猜想是正确的，那么没有任何多项式时间的算法（贪心算法或其他算法）在 k 越来越大时可以保证解决方案的覆盖率大于最优方案的 $1-\dfrac{1}{e}$ 。（这是一个困难的结果，恰如 Uriel Feige 在他的论文 "A Threshold of ln*n* for Approximating Set Cover"（*Journal of the ACM*，1998 年）中所述。这个事实为人们在最大覆盖问题的实际应用中采用 GreedyCoverage 算法作为起点提供了强有力的理论支持。它还提示 $1-\dfrac{1}{e}$ 这个数是与最大覆盖问题密切相关的，而不是某个特定算法的一个人为数字。

③ 我们在本书中不会再看到 $1-\dfrac{1}{e}$ 这个数，但它在算法分析时常常会神秘地出现。

定理 2.3（**GreedyCoverage 近似正确性**） GreedyCoverage 算法所输出的解决方案的覆盖率至少可以达到最大覆盖率的 $1-(1-\frac{1}{k})^k$，其中 k 表示算法所选择的子集数量。

因此，GreedyCoverage 算法在 $k=2$ 时至少能够保证最大覆盖率的 75%，在 $k=3$ 时至少能够保证最大覆盖率的 70.4%。不管 k 有多大，它至少能够保证最大覆盖率的 63.2%。与定理 2.1 和定理 2.2 一样，定理 2.3 也是一种保险策略，限制了最坏场景的损失。对于更为现实的输入，这个算法的表现会出色很多，能够实现明显更高的百分比。

2.2.6 一个关键的辅助结论

为了培养读者对定理 2.3 的直觉，可以回顾小测验 2.5 的例子。GreedyCoverage 算法为什么无法生成最优的解决方案呢？在第 1 次迭代时，它有机会在最优解决方案的 3 个子集（A_1、A_2 或 A_3）中任选其一。遗憾的是，这个算法被第 4 个同样大的子集（A_4，覆盖了 27 个元素）所诱惑。在第 2 次迭代中，这个算法再次有机会挑选 A_1、A_2 或 A_3 的其中之一，但它被子集 A_5 所诱惑，因为后者覆盖了同样多的新元素（18 个）。

一般而言，GreedyCoverage 算法的每次误判都可以归结为有一个子集所覆盖的新元素至少与最优解决方案中的 k 个子集的每个子集所覆盖的新元素一样多。但是，这不是意味着 GreedyCoverage 算法在每次迭代时都取得了健康的进展吗？下一个辅助结论定义了这个概念，即把每次迭代时新覆盖的元素数量绑定到当前覆盖不足的一个函数上。

辅助结论 2.4（**GreedyCoverage 取得进展**） 对于每个 $j\in\{1,2,\cdots,k\}$，设 C_j 表示 GreedyCoverage 算法所选择的前 j 个子集所实现的覆盖。对于每个这样的 j，第 j 个选中的子集至少覆盖了 $\frac{1}{k}(C^*-C_{j-1})$ 个新元素，其中 C^* 表示 k 个子集能够覆盖的最多元素：

$$C_j - C_{j-1} \geqslant \frac{1}{k}(C^* - C_{j-1}) \tag{2.6}$$

证明：设 K_{j-1} 表示 GreedyCoverage 算法所选中的前 $j-1$ 个子集的索引，$C_{j-1} = f_{\mathrm{cov}}(K_{j-1})$ 表示它们所实现的覆盖。观察与之竞争的任何包含 k 个索引的集合 $\hat{K}$，后者具有对应的覆盖 $\hat{C} = f_{\mathrm{cov}}(\hat{K})$。

这个证明中最重要的不等式是：

$$\sum_{i \in \hat{K}} \underbrace{[f_{\mathrm{cov}}(K_{j-1} \bigcup \{i\}) - C_{j-1}]}_{\text{从}A_i\text{开始增加的覆盖}} \geq \underbrace{\hat{C} - C_{j-1}}_{\text{当前覆盖之差}} \tag{2.7}$$

这个不等式为什么是正确的？设 W 表示与 $\hat{K}$ 对应但与 K_{j-1} 不对应的子集所覆盖的基础集合元素（见图 2.12）。一方面，W 的大小至少为式（2.7）的右边（$\hat{C} - C_{j-1}$）。另一方面，它也不会大于式（2.7）的左边：W 的每个元素对总和至少起到一次作用，在 $\hat{K}$ 的索引中包含它的每个子集都起了作用。因此，式（2.7）的左边至少与它的右边一样大，而 W 的大小则位于两者之间。

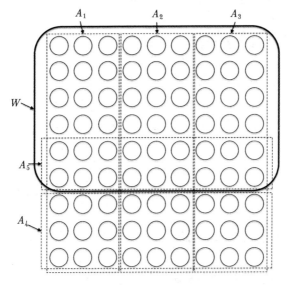

图 2.12　以小测验 2.5 的例子说明辅助结论 2.4 的证明，$j = 2$，$K_{j-1} = \{4\}$，$C_{j-1} = 27$，$\hat{C} = 81$。集合 W 为 81–27 = 54 个元素，由 $\hat{K}$ 中索引的某些子集所覆盖，但不被 K_{j-1} 中索引的子集所覆盖。

接着，如果式（2.7）左边进行求和的 k 个数是相等的，每个都应该是

$$\frac{1}{k} \sum_{i \in \hat{K}} [f_{\mathrm{cov}}(K_{j-1} \bigcup \{i\}) - C_{j-1}]$$

否则，其中最大的那个值只会更大：

$$\underbrace{\max_{i \in \hat{K}}[f_{\mathrm{cov}}(K_{j-1} \bigcup \{i\}) - C_{j-1}]}_{\text{最大值}} \geq \underbrace{\frac{1}{k} \sum_{i \in \hat{K}}[f_{\mathrm{cov}}(K_{j-1} \bigcup \{i\}) - C_{j-1}]}_{\text{平均值}} \qquad (2.8)$$

现在，把 $\hat{K}$ 实例化为一种最优解决方案的索引 K^*，后者的覆盖率为 $f_{\mathrm{cov}}(K^*) = C^*$。把式（2.7）和式（2.8）串在一起说明了 GreedyCoverage 算法至少具有一个好的选择（最优解决方案 K^* 的索引中最优的那个）：

$$\underbrace{\max_{i \in K^*}[f_{\mathrm{cov}}(K_{j-1} \bigcup \{i\}) - C_{j-1}]}_{\text{最优索引中的最佳}} \geq \underbrace{\frac{1}{k}(C^* - C_{j-1})}_{\text{保证的进展}}$$

GreedyCoverage 算法由于它的贪心标准，会选择一个至少这么好的索引，从而把它所生成的解决方案的覆盖率至少增加了 $\frac{1}{k}\left(C^* - C_{j-1}\right)$。

2.2.7 定理 2.3 的证明

现在我们再次应用辅助结论 2.4 的推导公式（2.6）来证明定理 2.3。这个辅助结论确定了 GreedyCoverage 算法在每次迭代时所取得的进展。继续沿用相同的概念，我们的目标是把这个算法的解决方案所实现的覆盖率 C_k 与最优覆盖率 C^* 进行比较。

当我们应用辅助结论 2.4 时（一开始 $j = k$），预料中的项 $\left(1 - \frac{1}{k}\right)$ 就开始浮现：

$$C_k \geq C_{k-1} + \frac{1}{k}(C^* - C_{k-1}) = \frac{C^*}{k} + \left(1 - \frac{1}{k}\right)C_{k-1}$$

再次对它进行应用（现在 $j = k-1$）：

$$C_{k-1} \geq \frac{C^*}{k} + \left(1 - \frac{1}{k}\right)C_{k-2}$$

把这两个不等式结合在一起：

$$C_k \geq \frac{C^*}{k}\left(1 + \left(1 - \frac{1}{k}\right)\right) + \left(1 - \frac{1}{k}\right)^2 C_{k-2}$$

第 3 次应用辅助结论 2.4，此时 $j = k-2$，然后替换 C_{k-2}：

$$C_k \geqslant \frac{C^*}{k}\left(1+\left(1-\frac{1}{k}\right)+\left(1-\frac{1}{k}\right)^2\right)+\left(1-\frac{1}{k}\right)^3 C_{k-3}$$

继续这个模式，在 k 次应用这个辅助结论之后（使用 $C_0 = 0$），可以得到下面的结果：

$$C_k \geqslant \frac{C^*}{k}\underbrace{\left(1+\left(1-\frac{1}{k}\right)+\left(1-\frac{1}{k}\right)^2+\cdots+\left(1-\frac{1}{k}\right)^{k-1}\right)}_{\text{几何级数}}$$

括号中的是一个熟悉的朋友，即一个几何级数。一般而言，当 $r \neq 1$ 时，这个几何级数有一个实用的闭合形式的公式：[①]

$$1+r+r^2+\cdots+r^\ell = \frac{1-r^{\ell+1}}{1-r} \tag{2.9}$$

用 $r = 1-\frac{1}{k}$ 和 $\ell = k-1$ 调用这个公式，C_k 的下界可以转换为

$$C_k \geqslant \frac{C^*}{k}\left(\frac{1-\left(1-\frac{1}{k}\right)^k}{1-\left(1-\frac{1}{k}\right)}\right) = C^*\left(1-\left(1-\frac{1}{k}\right)^k\right)$$

这就实现了定理 2.3 所做出的承诺。

2.2.8　小测验 2.4 和小测试 2.5 的答案

小测验 2.4 的答案

正确答案：（c）。有两种方法可以覆盖 16 个元素中的 15 个，选择 A_2、A_4、A_6，然后选择 A_3 或 A_5。大子集 A_1 并未出现在任何最优解决方案中，因为它在很大程度上与其他子集冗余。

---

① 为了验证这个等式，把两边都乘以 $1-r$：$(1-r)(1+r+r^2+\cdots+r^\ell) = 1-r+r-r^2+r^2-r^3+r^3-\cdots-r^{\ell+1} = 1-r^{\ell+1}$。

小测验 2.5 的答案

正确答案：（b）。最优解决方案选择子集 A_1、A_2 和 A_3，覆盖了全部 81 个元素。执行一次 GreedyCoverage 算法可能会在第 1 次迭代时选择 A_4，因为它与 A_1、A_2 和 A_3 的元素数量相同，有可能被任意选中。它在第 2 次迭代时可能会选择 A_5，同样是由于与 A_1、A_2 和 A_3 平局而任意选择所致。最后它会选择 A_1。这个解决方案所实现的覆盖是 $27 + 18 + 12 = 57$。

*2.3　影响最大化

2.2 节的 GreedyCoverage 算法最初是由为新工厂寻找厂址这样的旧式应用所激发的。到了 21 世纪，这种算法经过通用化之后，适合计算机科学领域的许多新应用。本节将描述社交网络分析中的一个代表性例子。[1]

2.3.1　社交网络的瀑布模型

对我们而言，社交网络就是有向图 $G = (V, E)$，其中的顶点对应于人，有向边 (v, w) 表示 v "影响了" w。例如，有可能是 w 在 Twitter 或 Instagram 这样的社交网络中关注了 v。

瀑布模型对信息（例如一篇新闻或一个表情）通过社交网络对数据进行传播的方式进行了设想。下面是一个简单的例子，由有向图 $G = (V, E)$、激活概率 $p \in [0,1]$ 和种子顶点子集 $S \subseteq V$ 所组成。[2]

> **一个简单的瀑布模型**
>
> 一开始，每个种子顶点是"活动的"，所有其他顶点都是"不活动的"。所有的边一开始都是"未翻动的"（unflipped）。

---

[1]　像本节这样带星号的章节难度较大，读者在第一遍阅读时可以考虑先跳过。

[2]　为了重温离散概率的基础知识，可以参阅"算法详解"系列图书第 1 卷的附录 B 或参考 algorithmsilluminated 网站上的资源。

当存在某个活动顶点 v 和它的一条未翻动的外向边 (v, w) 时：

- 翻动一个正反面朝上概率不等的硬币，其中 "正面" 朝上的概率为 p；
- 如果硬币 "正面" 朝上，就把边 (v, w) 的状态更新为 "活动"。如果 w 是不活动的，就把它的状态更新为 "活动"；
- 如果硬币 "反面" 朝上，就把边 (v, w) 的状态更新为 "不活动"。

顶点一旦被激活之后（例如由于阅读了一篇文章或观看了一部电影），它就不会再变成不活动。一个顶点可以拥有多次激活机会，它的每个激活影响者都会提供一次机会。例如，也许前两位朋友推荐你观看一部新电影时你无动于衷，但可能经受不住第 3 位朋友的鼓动而去观看。

2.3.2 例子

在图 2.13 中，顶点 a 是种子顶点，一开始处于活动状态。其他顶点一开始都是不活动的。a 的每条外向边 (a, b)、(a, c) 和 (a, d) 都存在激活该边另一端点的概率 p。假设与边 (a, b) 相关联的硬币 "正面" 朝上，与另两条边相关联的硬币 "反面" 朝上。

操作后的瀑布模型如图 2.14 所示。

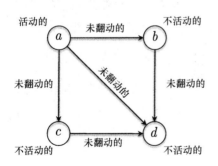

图 2.13　瀑布模型示例最开始的状态

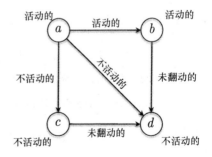

图 2.14　有一定变化的瀑布模型

这时就没有希望激活顶点 c。顶点 d 存在通过未翻动的边 (b, d) 被激活的概率 p。如果发生了这个事件，最终的状态如图 2.15 所示。

为了得出结论并为了方便，我们可以选择添加一个后处理步骤，翻动所有剩下的未翻动的边，并相应地更新它们的状态（同时所有顶点的状态不变）。在这个例子里，最终的结果如图 2.16 所示。

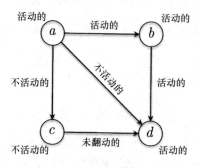

图 2.15 瀑布模型最终的状态

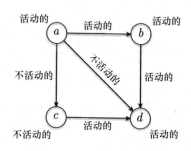

图 2.16 瀑布模型添加后处理步骤后的状态

一般而言，有或没有这个后处理步骤，在处理结束时最终被激活的顶点就是种子顶点通过由激活边组成的有向路径可以到达的那些顶点。

2.3.3 影响最大化问题

在影响最大化问题中，我们的目标是在一个社交网络中选择有限数量的种子顶点，最大限度地扩大信息的传播，也就是根据瀑布模型最终被激活的顶点数量尽可能地多。[1]这个数量是个随机变量，取决于在瀑布模型中翻动硬币的结果，我们把注意力集中在它的期望值上。[2]按照正式的说法，设 $X(S)$ 表示当顶点 S 被选作种子顶点时最终激活的（随机）顶点集合，并把 S 的影响定义为：

$$f_{\mathrm{inf}}(S) = E\left[|X(S)|\right] \tag{2.10}$$

其中期望值取决于瀑布模型中随机的硬币翻动。一个集合的影响既取决于图本身，也取决于激活概率。边的数量越多或者激活的概率更大，都会产生更大的影响。

---

① 关于影响最大化问题的更详细信息以及它的许多变型，可以参考论文 "Maximizing the Spread of Influence Through a Social Network"，作者 David Kempe、Jon Kleinberg 和 Éva Tardos（*Theory of Computing*，2015 年）。

② 随机变量 Y 的期望值 $E[Y]$ 是它的平均值，由一个适当的概率进行加权。例如，如果 Y 的可能取值范围是 $\{0, 1, 2, \cdots, n\}$，则 $E[Y] = \sum_{i=0}^{n} i \cdot \Pr[Y = i]$。

问题：影响最大化

输入：有向图 $G = (V, E)$，概率 p 和正整数 k。

输出：k 个顶点的一种选择 $S \subseteq V$，在激活概率为 p 的瀑布模型下具有最大的影响 $f_{inf}(S)$。

例如，如果我们散发了一件产品的 k 份促销品，并想对促销品的接收者进行选择以最大限度地提高这件产品的最终接受度，此时我们所面临的就是一个影响最大化问题。

问题 2.9 要求我们说明最大覆盖问题可以看成影响最大化问题的一种特殊情况。因为这种特殊情况是 NP 问题（问题 4.8），因此这个更基本的问题也是 NP 问题。是不是存在一种快速且近似正确的启发式算法能够解决影响最大化问题呢？

2.3.4　一种贪心算法

影响最大化问题与最大覆盖问题很相似，顶点扮演了子集的角色，影响（式（2.10））扮演了覆盖（式（2.5））的角色。解决最大覆盖问题的 GreedyCoverage 算法可以很容易地转换为解决影响最大化问题的算法，只要交换目标函数的新定义（式（2.10））就可以了。

GreedyInfluence 算法

输入：有向图 $G = (V, E)$，概率 $p \in [0,1]$ 和正整数 k。

输出：包含 k 个顶点的集合 $S \subseteq V$。

```
1 S := ∅                    // 选中的顶点
2 for j = 1 to k do         // 逐个选择顶点
      // 贪心地增加影响
      //（出现平局时任意选择）
3     v* := argmax_{v∈V} [f_inf(S∪{v}) -f_inf(S)]
4     S := S∪{v* }
5 return S
```

小测验 2.6

对于一个包含 n 个顶点和 m 条边的图，GreedyInfluence 算法的简单实现的运行时间是什么？

（a）$O(knm)$

（b）$O(knm^2)$

（c）$O(knm2^m)$

（d）不清楚

（关于正确答案和详细解释，参见第 2.3.8 节。）

2.3.5 近似正确性

令人欣慰的是，这种启发性贪心算法在影响最大化问题中保持了相同的近似正确性。由于最大覆盖问题是影响最大化问题的一种特殊情况（问题 2.9），因此它是最佳情况的场景，具有同样优秀的近似正确性保证，只是适用于一个更基本的问题。

定理 2.4（GreedyInfluence：近似正确性） GreedyInfluence 算法所输出的解决方案的影响至少是理论上最大影响的 $1-(1-\dfrac{1}{k})^k$，其中 k 表示所选择的顶点数量。

在定理 2.4 的证明中，关键是要认识到影响函数（2.10）是覆盖函数（2.5）的一个加权平均值。每个覆盖函数对应于一个社交网络子图（由活动边所组成）的事件出场应用（第 2.2.2 节）。我们可以观察第 2.2.6 节和第 2.2.7 节定理 2.3 的证明，确认覆盖函数可以扩展为覆盖函数的加权平均值。

2.3.6 影响是覆盖函数的一个加权和

按照更正式的说法，确定一个有向图 $G = (V, E)$，激活概率 $p \in [0,1]$ 和正整数 k。方便起见，我们在瀑布模型中包含了后处理步骤（参见第 2.3.2 节）使每条边最终为活动或不活动。由种子顶点 S 所激活的顶点 $X(S)$ 就是从 S 中的一个顶点出发，经由一条由活动边所组成的路径能够到达的那些顶点。

作为一项思维试验，假设我们具有感应能力，预先知道将被激活的边 $H \subseteq E$。其效果相当于翻动硬币时知道它肯定正面朝上，而不是事先未知。这样，影响最大化问题就可以简化为最大覆盖问题。基础集合是顶点 V，每个顶点都有一个子集。子集 $A_{v,H}$ 包含了这个子图 (V, H) 中从 v 出发经由一条由活动边所组成的有向路径可以到达的顶点。如果图和边的状态如图 2.17 所示，则 $A_{a,H} = \{a,$

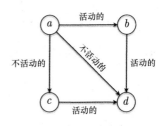

图 2.17　有向图示例

$b, d\}$、$A_{b,H} = \{b, d\}$、$A_{c,H} = \{c, d\}$、$A_{d,H} = \{d\}$。种子顶点集合 S 的影响（激活边为 H）就是对应子集的覆盖。

$$f_H(S) := \left| \bigcup_{v \in S} A_{v,H} \right| \tag{2.11}$$

当然，我们预先并不知道活动边的子集，每个子集 $H \subseteq E$ 的发生概率是某个正的概率 p_H。[①]但是，由于影响被定义为一个期望值，因此我们可以把它表达为覆盖函数的加权平均值，权重就等于它的概率。[②]

辅助结论 2.5（影响 = 覆盖函数的平均值）　对于边的每个子集 $H \subseteq E$，设 f_H 表示（2.11）所定义的覆盖函数，p_H 表示在瀑布模型中被激活的边子集正好是 H 的概率。对于每个顶点子集 $S \subseteq V$，满足

$$f_{\text{inf}}(S) = E_H[f_H(S)] = \sum_{H \subseteq E} p_H \cdot f_H(S) \tag{2.12}$$

2.3.7　定理 2.4 的证明

提供辅助结论 2.8 的一个类似证明，说明 GreedyInfluence 在每次迭代时都能取得正常的进展，就可以宣布胜利了。定理 2.4 的证明沿用了我们在第 2.2.7 节

---

① 并不是我们需要它，而是这个公式就是 $p_H = p^{|H|}(1-p)^{|E|-|H|}$。

② 对于渴求严格证明的读者：我们使用总期望值法则把（2.10）中的期望值写成条件期望值的概率加权平均值，其中条件是根据激活边 H 设置的。

证明定理 2.3 时所使用的同一个代数表达式。

辅助结论 2.6（GreedyInfluence 算法取得进展）　对于每个 $j \in \{1, 2, \cdots, k\}$，设 I_j 表示 GreedyInfluence 算法所选择的前 j 个顶点所实现的影响。对于每个这样的 j，算法所选择的第 j 个顶点把影响至少增加了 $\frac{1}{k}\left(I^* - I_{j-1}\right)$，其中 I^* 表示 k 个顶点能够实现的最大影响：

$$I_j - I_{j-1} \geqslant \frac{1}{k}(I^* - I_{j-1})$$

证明： 设 S_{j-1} 表示 GreedyInfluence 算法所选择的前 $j-1$ 个顶点，$I_{j-1} = f_{\text{inf}}(S_{j-1})$ 表示它们的影响。设 S^* 表示一个包含 k 个顶点的集合，它的最大影响是 I^*。接着，观察一个任意的边子集 $H \subseteq E$ 以及式（2.11）所定义的对应覆盖函数 f_H。借助此前在覆盖函数中所取得的成果，我们可以把 GreedyCoverage 算法分析中的关键不等式（2.7）转换为下面这个不等式：

$$\underbrace{\sum_{v \in S^*}[f_H(S_{j-1} \cup \{v\}) - f_H(S_{j-1})]}_{\text{从 } v \text{ 的覆盖增加（根据 } f_H\text{）}} \geqslant \underbrace{f_H(S^*) - f_H(S_{j-1})}_{\text{覆盖之差（根据 } f_H\text{）}}; \qquad (2.13)$$

其中 S_{j-1} 和 S^* 扮演了 K_{j-1} 和 $\hat{C}$ 的角色，而 $f_H(S_{j-1})$ 和 $f_H(S^*)$ 则对应于 C_{j-1} 和 $\hat{C}$。

根据辅助结论 2.5，我们知道影响（f_{inf}）是覆盖函数（f_H）的加权平均值。对于每个边子集 $H \subseteq E$，都存在一个式（2.13）形式的不等式。简便起见，分别用 L_H 和 R_H 表示这个不等式的左边和右边。我们的思路是对这些 2^m 个不等式的类似加权平均值进行检查（其中 m 表示 $|E|$）。

由于把不等式的两边乘以同一个非负数（例如概率 p_H）仍然能够维持这个不等式，因此对于每个 $H \subseteq E$，$p_H \cdot L_H \geqslant p_H \cdot R_H$。由于所有 2^m 个不等式都是同一个方向（$\geqslant$），因此它们相加之后形成了一个组合不等式：

$$\sum_{H \subseteq E} p_H \cdot L_H \geqslant \sum_{H \subseteq E} p_H \cdot R_H \qquad (2.14)$$

将式（2.14）的右边展开，并使用式（2.12）中 f_{inf} 的展开公式，可以得到：

$$\sum_{H \subseteq E} p_H (f_H(S^*) - f_H(S_{j-1})) = \sum_{H \subseteq E} p_H \cdot f_H(S^*) - \sum_{H \subseteq E} p_H \cdot f_H(S_{j-1})$$

$$= \underbrace{f_{\inf}(S^*) - f_{\inf}(S_{j-1})}_{\text{式(2.14)的右边}}.$$

按照相同的处理方式，式（2.14）的左边变成了：

$$\underbrace{\sum_{v \in S^*} [f_{\inf}(S_{j-1} \bigcup \{v\}) - f_{\inf}(S_{j-1})]}_{\text{式(2.14)的左边}}$$

因此，不等式（2.14）转换为辅助结论 2.4 的证明中的关键不等式（2.7）的相似形式：

$$\sum_{v \in S^*} [f_{\inf}(S_{j-1} \bigcup \{v\}) - \underbrace{f_{\inf}(S_{j-1})}_{=I_{j-1}}] \geqslant \underbrace{f_{\inf}(S^*)}_{=I^*} - \underbrace{f_{\inf}(S_{j-1})}_{=I_{j-1}}. \qquad (2.15)$$

左边求和式的 k 项之中最大的那项至少能达到平均值（和式（2.8）一样），因此 GreedyInfluence 算法总是至少能够得到一种好选择（最优解决方案 S^* 中的最优顶点）：

$$\max_{v \in S^*} [f_{\inf}(S_{j-1} \bigcup \{v\}) - I_{j-1}] \geqslant \frac{1}{k}(I^* - I_{j-1})$$

GreedyInfluence 算法根据它的贪心标准，选择一个至少达到这种优秀程度的顶点，从而把它的解决方案的影响至少增加 $\frac{1}{k}(I^* - I_{j-1})$。

2.3.8 小测验 2.6 的答案

正确答案：（c）、（d）。主循环有 k 次迭代，每次都涉及计算 n 个顶点的 argmax。因此，简单实现的运行时间是 $O(kn)$ 乘以计算子集 S 的影响 $f_{\inf}(S)$ 所需的操作数量。其中有多少操作数量呢？与覆盖目标函数 f_{cov} 不同，由于（2.10）中的复杂期望值，这个问题的答案并非显而易见。（在这个意义上，答案（d）也是正确的。）简单地计算这个期望值，也就是在 $O(m)$ 的时间内为翻动硬币的 2^m 种可能的结果用宽度优先或深度优先的方法计算 $|X(S)|$，并求结果的平均值，这样运行时间边

界就是（c）。

这是不是意味着 GreedyInfluence 算法在实践中用处不大？并非如此。子集 S 的影响 $f_{inf}(S)$ 可能难以按照任意精度进行计算，但是使用随机采样可以很容易地进行准确的估计。换句话说，根据一个子集 S，在瀑布模型中翻动所有的硬币并观察有多少个顶点最终会被种子集合 S 所激活。多次重复这个试验之后，激活顶点的平均数量总是可以作为 $f_{inf}(S)$ 的一个良好估计值。

2.4　TSP 的 2-OPT 启发式算法

NP 问题总是件麻烦事，但对于第 2.1 节～第 2.3 节的 NP 问题（工时最小化、最大覆盖和影响最大化）来说，至少还存在良好的近似正确性的快速算法。可惜，对于许多其他 NP 问题（包括 TSP）而言，如果存在这样的算法就会否定 P≠NP 猜想（参见问题 4.12）。如果坚持寻求这种问题的高效算法，那么能够实现的最好结果是一种启发式算法，它尽管没有保险策略，但是对于我们的应用中存在的许多问题实例都能很好地发挥作用。局部搜索以及它的许多变型，就是设计这种类型的算法时所使用的最为强大和灵活的算法范例之一。

2.4.1　处理 TSP

我并不打算介绍通用意义上的局部搜索，而是打算为旅行商问题（TSP）从头开始设计一种启发式算法，驱使我们想出一些新的思路。然后，我们将在第 2.5 节扩大视野，对一个解决方案的各个组成部分进行识别，以举例的方式说明局部搜索的基本原则。配备了局部搜索算法的一个开发模板和一个实例化的例子之后，我们就处在了很好的位置，可以把这种技巧应用于自己的工作中。

在 TSP（第 1.1.2 节）中，输入是一个完全图 $G = (V, E)$，并且每条边具有实数值的成本。这个问题的目标是计算一条路线，也就是对每个顶点正好访问 1 次的最低成本之和的环路。TSP 是 NP 问题（参见第 4.7 节）。如果速度至关重要，那么唯一的选择就是借助启发式算法（和往常一样，假设 P≠NP 猜想是正确的）。

为了寻找对 TSP 的感觉，我们首先观察一种最可能想到的贪心算法以及 Prim 的最小生成树算法。

小测验 2.7

最近邻居启发式算法是 TSP 的一种贪心算法。对于一个具有实数值边成本的完全图，这个算法的工作方式如下。

1. 从一个任意的顶点 a 开始一条路线。

2. 反复执行下面的操作，直到所有的顶点都被访问。

如果当前顶点是 v，那么行进到最接近的未访问顶点（具有最小 c_{vw} 的顶点 w）。

3. 返回起始顶点。

在图 2.18 所示的例子中，通过最近邻居算法所构建的路径的成本是多少？最低成本路线的成本又是多少？

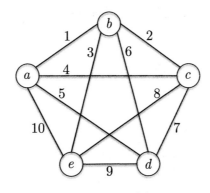

图 2.18 示例图

（a）23 和 29

（b）24 和 29

（c）25 和 29

（d）24 和 30

（关于正确答案和详细解释，参见第 2.4.6 节。）

小测验 2.7 说明了最近邻居启发式算法并不总是能够构建一条最低成本路

线。这毫不奇怪，因为 TSP 是 NP 问题，并且这个算法具有多项式的运行时间。更令人心烦的是，既使我们把最后一次跳跃（a, e）的成本修改为一个非常巨大的数，按照贪心的方式所构建的路线仍然相同。与第 2.1 节～第 2.3 节的贪心启发式算法不同，最近邻居算法所产生的解决方案与最优解决的方案的差距非常大。更复杂的贪心算法可以解决这个特定的糟糕例子，但是在面对更复杂的 TSP 实例时最终仍会遭遇相同的失望结局。

2.4.2　通过 2-变换改进路线

谁说在构建了一条初始路线后就应该放弃呢？如果存在一种方法按照贪心的方式对路线进行调整可以使之变得更好，那么为什么不这样做呢？通过哪些少量的修改就能把一条路线转换为更好的路线呢？

小测验 2.8

在一个 n 个顶点的 TSP 实例中，两条不同路线可以共享的最大数量的边数是多少？

（a）$\log_2 n$

（b）$n/2$

（c）$n-2$

（d）$n-1$

（关于正确答案和详细解释，参见第 2.4.6 节。）

小测验 2.8 建议通过交换两条路线的一对边，来对路线的全景进行探索，如图 2.19 所示。

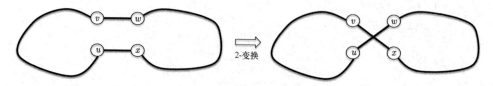

图 2.19　交换两条路线的两个边

这种类型的交换称为 2-变换。

2-变换

1. 对于路线 T，删除 T 中不共享同一个端点的两条边 (v, w)、(u, x)。

2. 添加边 (v, x) 和 (u, w) 或者 (u, v) 和 (w, x)，只要它们能够形成新路线 T'。

第 1 个步骤选择 4 个不同端点的两条边。[①]有 3 种不同的方式对这 4 个顶点进行配对，但只有一种方式能够创建一条新路线（如图 2.19 所示）。除了这条路线以及原始配对之外，第 3 种配对方式会创建两个不相连的环路，而不是一条可行的路线，如图 2.20 所示。

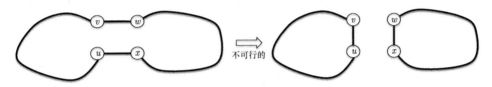

图 2.20　两个不相连的环路

2-变换可能创建比原路线更好的路线，也可能创建更差的路线。如果新交换的边是 (u,w) 和 (v, x)：

$$\text{路线成本的降低} = \underbrace{(c_{vw} + c_{ux})}_{\text{删除的边}} - \underbrace{(c_{uw} + c_{vx})}_{\text{添加的边}} \qquad (2.16)$$

如果式（2.16）所产生的差是正数（即删除旧边（$c_{vw} + c_{ux}$）所消除的成本超过了添加新边（$c_{uw} + c_{vx}$）所增加的成本），那么 2-变换就产生了一条成本更低的路线，可以称之为改进。

例如，以小测验 2.7 的贪心方式所构建的路线为起点，存在 5 种 2-变换候选方案，其中 3 种方案可以改进原先的路线，如图 2.21 所示。[②]

---

① 删除共享一个端点的两条边是没有意义的，能够形成一条可行路线的唯一方法就是将它恢复原状。

② 一般而言，当顶点数量 $n \geq 4$ 时，总是存在 $n(n-3)/2$ 个候选的 2-变换：以 n 个顶点的其中一个为起点选择一条边，然后根据（$n-3$）个顶点选择一条具有不同端点的边，这样会把每个 2-变换以不同的方式计数 2 次。

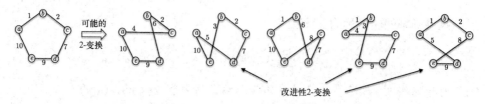

图 2.21   3 种可改进原来路线的方案

2.4.3 2-OPT 算法

TSP 的 2-OPT 算法从一条初始路线（例如，由最近邻居算法所生成的路线）出发，并执行改进性 2-变换，直到不再存在可以进行变换的顶点。在接下来的伪码中，2-Change 是个子程序，它接收一条路线以及路线中的两条边（具有不同的端点）为参数，返回通过对应的 2-变换之后所产生的路线。

2-OPT 算法

输入： 完全图 $G = (V, E)$，每条边 $e \in E$ 的成本 c_e。

输出： 一条旅行商路线。

```
1   T := 初始路线    // 可能是通过贪心的方式构建的
2   while 改进性的 2-Change (v, w), (u, x) ∈ T 存在 do
3       T := 2Change(T, (v, w), (u, x))
4   return T
```

例如，以小测验 2.7 的最近邻居算法所构建的路线为起点，2-OPT 算法的第 1 次迭代可能把边(a, b)和(d, e)替换为(a, d)和(b, e)，如图 2.22 所示。

这样就把路线的成本从 29 降低到 27。然后就可以考虑其他 5 种 2-变换，如图 2.23 所示。

如果这个算法在第 2 次迭代时执行 2 个改进性 2-变换中的第 1 个，把边(a, e)和(b, c)替换为(a, b)和(c, e)，边成本就从 27

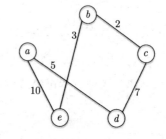

图 2.22   2-OPT 算法的第 1 次迭代

进一步下降到 24，如图 2.24 所示。此时，就不再存在改进性 2-变换（1 个变换会使路线成本保持不变，另 4 个会增加路线成本），算法便结束。

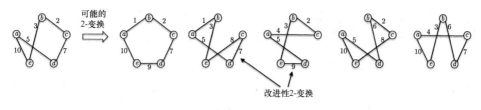

图 2.23　其他 5 种 2-变换

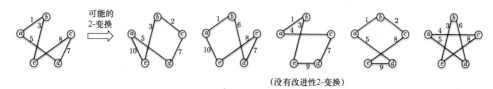

图 2.24　可能的 2-变换和没有改进性的 2-变换

2.4.4　运行时间

2-OPT 算法总是会结束，还是有可能陷入无限循环？旅行商路线的数量极其巨大（小测验 1.1），但仍然是有上限的。2-OPT 算法的每次迭代所生成的路线成本都严格小于之前的路线成本，因此不必担心同一条路线会出现在两次不同的迭代中。即使是在算法对每条路线都进行搜索的极端糟糕的情况下，它仍然会在有限的时间内结束。

这个算法的运行时间取决于主循环的迭代次数乘以每次迭代所执行的操作数量。对于 n 个顶点的图，每次迭代都需要检查 $O(n^2)$ 个不同的 2-变换，这样每次迭代的时间上限是 $O(n^2)$（问题 2.13）。那么迭代的次数又有多少呢？

坏消息是在病态的例子中，2-OPT 算法在结束之前可能会执行指数级数量（以 n 为指数）的迭代。好消息表现在两个方面。首先，在更接近现实的输入中，2-OPT 算法总是会在合理数量的迭代之后结束（一般低于 n 的二次方）。其次，由于这个算法在它的执行过程中一直维护一条可行的路线，因此它可以在任何时候中断。[1]我

---

[1]　能够在这种意义上中断的算法有时称为随时算法。

们可以预先决定这个算法的运行时间（1 分钟、1 小时、1 天等），然后到了这个预设时间之后，就使用这个算法所找到的最新的（也是最优的）解决方案。

2.4.5 解决方案质量

2-OPT 算法只能对它的初始路线进行改进，但并不保证一定能找到一条最优路线。对于小测验 2.7 的例子，我们在第 2.4.3 节中看到了这个算法可能会返回一条成本为 24 的路线，而不是最优路线（成本为 23）。是不是还存在更差的例子？最坏情况能到什么程度？

坏消息是一些更复杂和更具欺骗性的例子说明了 2-OPT 算法所返回的路线的成本可能是最优路线成本的任意大的倍数。换句话说，与第 2.1 节～第 2.3 节的算法相比，这个算法无法实现近似正确性保证。好消息是对于在实践中所产生的 TSP 实例，2-OPT 算法的变型一般都能找到比最优路线的总成本不是大很多的路线。为了在实践中处理大型输入的 TSP（n 达到几千甚至更大），对 2-OPT 算法进行一些优化（详见第 2.5 节）之后就可以把它作为解决这类问题的良好起点了。

2.4.6 小测验 2.7 和小测验 2.8 的答案

小测验 2.7 的答案

正确答案：（a）。最近邻居算法以 a 为起点，贪心地行进到 b 然后是 c。此时，这条路线必须在 d 或 e 中选择其一（因为每个顶点最多只能被访问 1 次），稍稍倾向于 d（因为它的成本 7 略低于 e 的 8）。选择了 d 之后，这条路线剩下的跳跃都是强制的：不存在其他选择，只能行进到 e（成本为 9）然后返回 a（成本为 10）。这条路线的总成本是 29（见图 2.25（a））。同时，最优路线的总成本是 23（见图 2.25（b））。

小测验 2.8 的答案

正确答案：（c）。由于由 $n–1$ 条边所组成的任何路线都唯一地确定了它的最终边，因此不同的路线无法共享 $n–1$ 条边。但是，不同的路线可以共享 $n–2$ 条边，如图 2.26 所示。

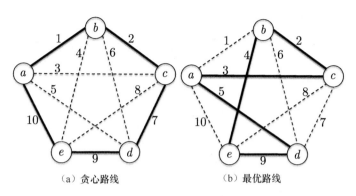

图 2.25　两种路线

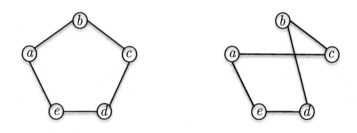

图 2.26　不同的路线可以共享的边数

2.5　局部搜索的原则

　　局部搜索算法通过"局部移动"对可行解决方案的空间进行探索，对一个目标函数进行连续的改进。TSP 的 2-OPT 算法就是一个典型的例子，它的局部移动对应于 2-变换。本节将扩大视野，把局部搜索算法设计范例的本质组成部分进行分离，并介绍应用这种算法所需要的关键模型和算法决策。

2.5.1　可行解决方案的元图（Meta-Graph）

　　对于一个具有实数值边成本的 TSP 实例 $G = (V, E)$，2-OPT 算法可以形象地看成对可行解决方案的一个"元图" $H = (X, F)$ 的贪心行进（如图 2.27 中小测验 2.7 的实际例子所示）。对于 G 的每条路线，在元图 H 中都有一个顶点 $x \in X$，它的标签就是这条路线的总成本。对于区别仅在于 G 中 2 条边的每一对路线 x、y，元图中都存在一条边 $(x, y) \in F$。换句话说，元图中的边对应于 TSP 实例中可能的 2-变换。

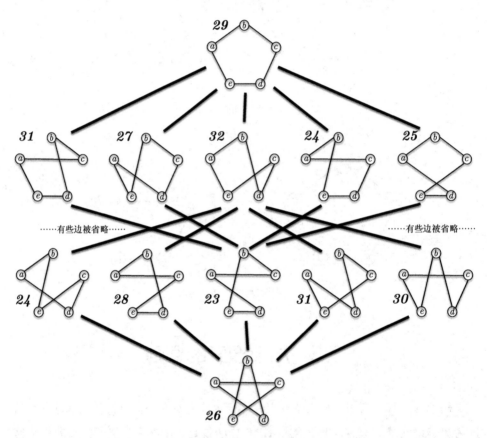

图 2.27 与小测验 2.7 的 TSP 实例对应的可行方案的元图。元图的顶点对应于路线，两条路径当且仅当它们只有两条边不同时才在元图上通过一条边进行连接。最上面的路线在元图中与第 2 行的 5 条路线相邻。最底下的那条路线与第 3 行的路线也存在类似的关系。第 2 行的每条路线与第 3 行的每条路线相邻，但同一列的那条路线除外（为了避免杂乱，图中省略了元图中的这些边。）每条路线以它的成本为标签

小测验 2.9

对于一个 $n \geqslant 4$ 个顶点的 TSP 实例，对应的元图具有多少个顶点和边？[①]

（a）$\dfrac{1}{2}(n-1)!$ 和 $\dfrac{n!(n-3)}{8}$

（b）$\dfrac{1}{2}(n-1)!$ 和 $\dfrac{n!(n-3)}{4}$

（c）$(n-1)!$ 和 $\dfrac{n!(n-3)}{4}$

（d）$(n-1)!$ 和 $\dfrac{n!(n-3)}{2}$

（关于正确答案和详细解释，参见第 2.5.8 节。）

我们可以把 2-OPT 算法看成从元图的某个顶点出发（例如，最近邻居算法所产生的输出），并反复地经过元图的边访问一个具有持续更低成本的路线序列。当它所到达的一个元图顶点的成本不再大于元图中的其他任何邻居时，算法便结束。第 2.4.3 节的示例 2-OPT 轨迹从图 2.27 顶部的那条路线出发，然后到达第 2 行的第 2 条路线，然后在第 3 行的第 1 条路线处结束。

2.5.2　局部搜索算法设计范例

大多数局部搜索算法可以类似地看成在可行方案的元图中按照贪心的方式行进。[②]这些算法的区别仅在于元图的选择以及探索策略的细节。[③]

---

① 不要担心元图变得太大这个问题，它只存在于我们的大脑中，绝不用明确地画出来。

② 我们甚至可以在元图中增加第 3 维，即由元图顶点的目标函数值所指定的"高度"。这种方式也解释了为什么局部搜索有时候被称为"爬坡"。

③ 有一种变型是梯度下降（gradient descent），这是一种古老的局部搜索算法，用于连续的（而不是离散的）优化，它是现代机器学习的核心。梯度下降的最简单版本是一种启发式算法，适用于求取欧几里得空间中所有点的可微目标函数最小值，它的改进性局部移动对应于从当前点开始的最速下降方向的小步长。

局部搜索范例

1. 定义可行的解决方案（相当于定义元图的顶点）。

2. 定义目标函数（元图顶点的数值标签），并确定目标是使之最大化还是最小化。

3. 定义允许的局部移动（元图中的边）。

4. 决定如何选择一个初始的可行解决方案（元图中的起始顶点）。

5. 决定如何在多个改进性局部移动中做出选择（元图中可行的下一步）。

6. 执行局部搜索：从初始的可行解决方案出发，通过局部移动迭代地改进目标函数值，直到实现局部最优，也就是无法通过局部移动得到进一步改进的可行解决方案。

有一种通用的局部搜索算法的伪码与 2-OPT 算法的伪码非常相似。（MakeMove 接收一个可行解决方案以及一个局部移动的描述为输入，并返回对应的邻居解决方案。）

GenericLocalSearch 算法

```
S:= 初始解决方案          // 如步骤 4 所指定
while 改进性局部移动 L 存在  do
    S:=MakeMove(S, L)     // 如步骤 5 所指定
return S                  // 返回找到的局部最优解
```

局部搜索范例中的前 3 个步骤是建模决策，后面 2 个步骤是算法决策。下面我们详细讨论每个步骤。

2.5.3　三个建模决策

局部搜索范例的前两个步骤对问题进行了定义。

步骤 1：定义可行的解决方案。在 TSP 中，n 个顶点的实例的可行解决方案共有 $\frac{1}{2}(n-1)!$ 条路线。在完成工时最小化问题（第 2.1.1 节）中，m 台机器和 n 个作业的实例的可行解决方案就是把作业分配给机器的 m^n 种不同的方式。在最

大覆盖问题（第 2.2.1 节）中，在 m 个子集和参数 k 的实例中，可行解决方案的数量是选择 k 个子集的 $\binom{m}{k}$ 种不同方式。

步骤 2：定义目标函数。在我们的例子中，这个步骤甚至更为简单。在 TSP 中，目标函数是路线的最低成本（使之最小化）。在完成工时最小化问题和最大覆盖问题中，目标函数分别是使一个调度的完成工时最小化以及使 k 个子集的影响之和最大化。

步骤 1 和步骤 2 定义了一个实例的全局最优解，也就是具有最优目标函数值的可行解决方案（如图 2.27 中成本为 23 的路线）。步骤 3 通过指定元图的边完成了元图的定义。元图中的边表示从一个可行解决方案到另一个可行解决方案所允许的局部移动。

步骤 3：定义允许的局部移动。在 TSP 的 2-OPT 算法中，局部移动对应于 2-变换。在 n 个顶点的实例中，邻居的规模也就是每个解决方案的可行局部移动的数量是 $n(n-3)/2$。如果我们把局部搜索范例应用于完成工时最小化问题或最大覆盖问题会怎么样呢？对于前者，局部移动最简单的定义就是一个作业重新分配到一台不同的机器。邻居的规模就是 $n(m-1)$，其中 m 和 n 分别表示机器和作业的数量。对于最大覆盖问题，最简单类型的局部移动就是在当前解决方案的 k 个子集中拿出一个子集与一个不同的子集进行交换。对于 m 个子集的实例，邻居的规模就是 $k(m-k)$，换出的选择数量有 k 个，换入的选择有 $m-k$ 个。

可行解决方案的元图是在步骤 1~3 之后才完成定义的，局部最优解也是如此。所谓局部最优解，就是在可行解决方案中不存在可以继续改进的局部移动，或者说元图顶点的目标函数值至少与它们的所有邻居一样好。例如，在图 2.27 中，2 个局部最优解是第 3 行的第 1 条和第 3 条路线。（后者是全局最优解，而前者不是。）对于完成工时最小化问题，局部移动对应于一个作业的重新分配。小测验 2.3 的 LPT 算法所产生的调度是局部最优解，而小测验 2.2 的 Graham 算法所产生的调度则不是（可以进行验证）。对于最大覆盖问题，局部移动对应于子集的交换，GreedyCoverage 算法的输出对于第 2.2.4 节的所有例子而言都不是局部最优解（可以进行验证）。①

1. 例子：TSP 的 3-变换邻居

步骤 1 和步骤 2 并不能唯一地决定步骤 3 的决策，因为一个特定计算性问题可能存在"局部移动"的多个合理定义。例如，在 TSP 中，谁说我们一次只能取出并放回 2 条边呢？为什么不能一次交换 3 条边甚至更多？

3-变换是在一条旅行商路线中替换 3 条边的操作，它用 3 条不同的边进行替换，从而产生一条新的路线，如图 2.28 所示。②

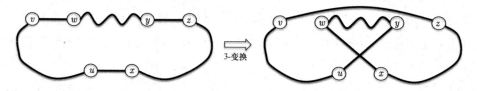

图 2.28   用 3 条不同的边进行替换

3-OPT 算法是 2-OPT 算法（第 2.4.3 节）的扩大化。在主 while 循环的每次迭代中，它执行一次 2-变换或 3-变换生成一条成本更低的路线。

小测验 2.10

在一个 TSP 实例中，设 H_2 和 H_3 分别表示 2-OPT 算法和 3-OPT 算法的元图。下面哪些说法是正确的？（选择所有正确的答案。）

（a）H_2 的每条边也是 H_3 的一条边。

（b）H_3 的每条边也是 H_2 的一条边。

（c）H_2 的每个局部最小值也是 H_3 的局部最小值。

（d）H_3 的每个局部最小值也是 H_2 的局部最小值。

（关于正确答案和详细解释，参见第 2.5.8 节。）

---

① 如果读者有时间的话，非常值得使用局部搜索后处理步骤对一种启发式算法的输出再过一遍。不管怎样，这样做只会使解决方案变得更好！

② 在 2-变换中，被移除的那一对边唯一地决定了被添加的那一对边（第 2.4.2 节）。但在 3-变换中，情况不再如此。例如，如果被删除的 3 条边不存在共享的端点，会有 7 种方法来连接这 6 个端点，从而形成新的可行路线（可以进行验证）。

2．选择邻居的规模

当"局部移动"存在竞争定义时，我们应该使用哪一个？这个问题最好尝试几种选择，然后根据经验来回答。但是，小测验 2.10 说明了邻居数量多的一个基本优势：局部移动的数量越多，意味着局部搜索在寻找局部最优解时碰壁的可能性越低。邻居数量多的主要缺点是在检查改进性局部移动时速度较慢。例如，在 TSP 中，检查一个改进性 2-变换需要平方级的时间（相对于顶点的数量），而检查一个改进性 3-变换则需要立方级的时间。对这些利弊进行平衡的一种方法就是使用在每次迭代目标运行时间（例如 1 秒或 10 秒）内能够处理的最大邻居数量。

2.5.4 两个算法设计决策

局部搜索范例的步骤 4 和步骤 5 提供了第 2.5.2 节的通用局部搜索算法所缺少的细节。

步骤 4：决定如何选择一种初始的可行解决方案。选择初始解决方案的两种简单方法是贪心选择和随机选择。例如，在 TSP 中，初始路线可以通过最近邻居算法构建（小测验 2.7），或者统一选择一种随机顺序访问顶点。在完成工时最小化问题中，初始调度可以由 Graham 或 LPT 算法构建，或者把每个作业独立地统一分配给一台随机的机器。在最大覆盖问题中，初始解决方案可以是 GreedyCoverage 算法的输出，也可以是统一在给定的子集中随机选择 k 个子集。

为什么要放弃一种良好的启发式贪心算法而改用一种随机解决方案呢？因为从一个更好的初始解决方案开始局部搜索并不一定能够产生更好的（甚至同等的）局部最优解。一个理想的初始化过程可以快速生成一种不是很差的解决方案，留下大量可以进行局部改善的机会。随机的初始化常常可以满足这个需要。

步骤 5：决定如何在多个改进性局部移动中做出选择。第 2.5.2 节的通用局部搜索算法并没有指定如何在多个改进性局部移动中选择哪一个。最简单的方法是对局部移动逐个进行枚举，直到发现一个改进性的局部移动。[①]另一种方法的

---

① 第 2.4.3 节的例子的 2-OPT 算法就是按照这种方法使用的（假设它总是在图中从左向右扫描 2-变换）。

每次迭代时间更慢但目标函数值的改进更大，它可以完成枚举并贪心地执行具有最大改善的局部移动。第三种方法是随机选择一个改进性局部移动，鼓励算法对解决方案进行范围更广的探索。

2.5.5　运行时间和解决方案质量

步骤 1～步骤 5 完全指定了一种局部搜索算法，它从一个初始解决方案出发（使用步骤 4 进行选择），并反复地执行改进性局部移动（使用步骤 5 进行选择），直到发现一个局部最优解，并且不再存在改进性局部移动。这种算法的性能能够达到什么程度呢？

第 2.4.4 节、第 2.4.5 节的 TSP 的 2-OPT 算法有关的所有经验和教训同样适用于其他大多数局部搜索算法。

局部搜索的常见特性

1. 保证能够结束。（假设可行解决方案的数量是有限的。）

2. 不能保证在多项式数量（相干对输入规模）的迭式次数后结束。

3. 对于现实的输入，总是能够在可容忍的迭代次数后结束。

4. 可以在任何时间中断，返回它所发现的最近（也是最优）的解决方案。

5. 不能保证返回目标函数值与实际最优值相近的局部最优解。

6. 对于现实的输入，常常可以产生高质量的局部最优解，但有时候也会产生低质量的局部最优解。

2.5.6　避免低质量的局部最优解

低质量的局部最优解会妨碍局部搜索的成功应用。我们应该如何对局部搜索算法进行优化，更好地避免低质量的局部最优解呢？有一种解决措施是增加邻居的数量（参见第 2.5.3 节），因此最容易的解决措施很可能是依赖随机化，选择一个随机的初始解决方案或者在每次迭代时随机地选择改进性局部移动。然后，如果有时间，我们可以对算法进行尽可能多的独立试验，返回所有试验中最好的局部最优解。

　　一种更激烈的避免低质量的局部最优解的方法是有时候允许非改进性的局部移动。例如，在每次迭代中：

- 根据当前的解决方案，统一按照随机的方式选择一个局部移动；

- 如果被选中的局部移动是改进性的，就执行它；

- 否则，如果被选中的局部移动使目标函数变差 $\Delta \geq 0$，就以某个概率 $p(\Delta)$ 执行它，减少 Δ 的值。否则就不执行任何操作。（函数 $p(\Delta)$ 的一个常见选择是指数函数 $e^{-\lambda\Delta}$，其中 $\lambda > 0$，是个可调整的参数。）[1]

　　允许非改进性局部移动的局部搜索算法一般并不会正常结束，而是在到达某个目标计算时间后中断。

　　在基本局部搜索算法的基础上可以进行的优化是没有限制的。[2]下面是这方面的两种不同流派。

- 历史依赖邻居。这种方法不是一次性确定允许的局部移动，它们可以依赖局部搜索算法到目前为止的轨迹。例如，我们可以禁止那些看上去可能会反转此前移动的局部移动，例如使用与以前的 2-变换具有相同端点的 2-变换。[3]这种类型的规则在允许非改进性移动的局部算法中避免环路是特别实用的。

- 维护一群解决方案。这种算法一直维护 $k \geq 2$ 个可行解决方案，而不是只维护 1 个解决方案。算法在每次迭式时从 k 个旧的可行解决方案生成 k 个新的可行解决方案。例如，它只维护当前 k 个解决方案的 k 个最优邻居，或者把当前解决方案进行组对以创建新的解决方案。[4]

---

[1] 如果读者听说过"大都会算法"或"模拟退火算法"，它们都是基于这个思路的。

[2] 如果想要进行深入的探索，可以参阅 *Local Search in Combinatorial Optimization*，作者 Emile Aarts 和 Jan Karel Lenstra（Princeton University Press，2003 年）。

[3] 如果读者听说过"禁忌搜索算法"或"LinKernighan 可变尝试启发式算法"，它们都是基于这个思路的。

[4] 如果读者听说过"定向搜索算法"或"遗传法"，它们都是这个思路的变型。

2.5.7　什么时候应该使用局部搜索？

我们已经学习了很多算法设计范例，什么时候应该首先尝试局部搜索算法呢？如果我们的应用满足下面这些条件中的其中几个，那就值得尝试使用局部搜索。

什么时候使用局部搜索

1. 没有足够的时间计算准确的解决方案。

2. 愿意放弃运行时间和近似正确性保证。

3. 需要一种相对容易实现的算法。

4. 已经拥有一种良好的启发式算法，但是想要通过一个后处理步骤改进它的输出。

5. 需要一种可以在任何时候中断的算法。

6. 先进的混合整数规划和可满足性解决程序（在第 3.4 节～第 3.5 节讨论）还不够出色，或者由于输入规模太大使解决程序难以应付，或者由于我们的问题无法轻易地转换为它们所需要的格式。

记住，为了最大限度地榨取局部搜索的价值，我们必须通过试验，对不同的邻居、不同的初始化策略、不同的局部移动选择策略和其他优化措施等进行试验。

2.5.8　小测验 2.9 和小测验 2.10 的答案

小测验 2.9 的答案

正确答案：（a）。每条路线在元图中都有一个顶点，因此总共有 $\frac{1}{2}(n-1)!$ 个顶点（参见小测验 1.1）。元图中的每个顶点都与 $n(n-3)/2$ 个其他顶点相邻（参见 P24 的脚注）。因此，边的总数是

$$\frac{1}{2} \cdot \underbrace{\frac{(n-1)!}{2}}_{\text{顶点数}} \cdot \underbrace{\frac{n(n-3)}{2}}_{\text{关联边的数量}} = \frac{n!(n-3)}{8}$$

最前面的 $\frac{1}{2}$ 修正了对元图中每条边的两次计数（每个端点一次）。

小测验 2.10 的答案

正确答案：(a)、(d)。3-OPT 算法在它的每次迭代中可以进行 2-变换或 3-变换。2-OPT 算法中可行的每个局部移动在 3-OPT 中也是可行的，所以答案（a）是正确的。因此，(d) 也是正确的：如果一个顶点在 H_2 中存在一个具有更优目标函数值的邻居（说明它在 H_2 中并不是局部最优解），这个邻居也能说明这个顶点在 H_3 中不是局部最优解。

在图 2.3 的例子中，第 3 行的第 1 条路线无法通过 2-变换改进，但可以通过 3-变换改进（可以进行验证）。这说明（b）和（c）都是不正确的。

2.6 本章要点

- 在完成工时最小化问题中，目标是把作业分配给机器，实现最小的完成工时（最大的机器负载）。

- 对作业进行一遍扫描，并把每个作业调度到当前负载最少的机器上。这种调度方案所产生的完成工时最多为实际最小完成工时的 2 倍。

- 先对作业进行排序（从最长到最短）能够把保证因子从 2 改进到 4/3。

- 在最大覆盖问题中，目标是从 m 个子集中选择 k 个子集，使它们的覆盖（并集的大小）达到最大化。

- 贪心地选择能够尽可能增加覆盖的子集，这种方式所实现的覆盖至少能够达到最大覆盖的 63.2%。

- 在有向图中，一个初始活动顶点集合的影响是最终会被激活的顶点的预期数量，假设一个激活的顶点能够以某个概率 p 激活它的每个外向邻居。

- 在影响最大化问题中，目标是选择某个有向图的 k 个顶点，使它们的影响达到最大化。

- 由于影响是覆盖函数的加权平均值，所以通过迭代的方式选择能够最大限度增加影响的贪心算法能够保证实现最大影响的 63.2%。

- 在旅行商问题（TSP）中，输入是一个边成本为实数值的完全图，目标是计算一条具有最低边成本之和的路线（对每个顶点正好访问 1 次的环路）。

- 2-变换通过换进换出一对边，从一条旧路线创建了一条新路线。

- TSP 的 2-OPT 算法通过 2-变换反复对初始路线进行改进，直到不再存在可行的改进。

- 局部搜索算法遍历一个元图，后者的顶点对应于可行的解决方案（以目标函数值为标签），边对应于局部移动。

- 局部搜索算法是由元图、初始解决方案以及在改进性局部移动中做出选择的规则所指定的。

- 局部搜索算法经常能够在合理的时间内生成高质量的解决方案，尽管它缺乏可证明的运行时间和近似正确性保证。

- 局部搜索算法可以进行优化，并避免低质量的局部最优解，例如允许随机化和非改进性的局部移动。

2.7　章末习题

问题 2.1　（S）在完成工时最小化问题（第 2.1.1 节）中，假设作业具有相似的长度（对于所有的作业 j、h，满足 $\ell_j \leqslant 2\ell_h$），并且作业的数量是较为合理的（至少是机器数量的 10 倍）。对于第 2.1.3 节的 Graham 算法所输出的调度方案，下面哪种说法最为合理？（选择最正确的答案。）

（a）最多比最小完成工时多出 10%。

（b）最多比最小完成工时多出 20%。

（c）最多比最小完成工时多出 50%。

（d）最多比最小完成工时多出 100%。

问题 2.2　（S）最大覆盖问题的目标（第 2.2.1 节）是用固定数量的子集覆

盖尽可能多的元素。在与之密切相关的集合覆盖问题中，目标是使用尽可能少的子集覆盖全部元素（例如用尽可能低的成本雇佣一支拥有所有技能的队伍）。[①] 最大覆盖问题的贪心算法可以很轻易地进行扩展来解决集合覆盖问题（输入是一个基础集合 U 以及它的 m 个子集 $A_1, A_2, \cdots, A_m$，满足 $\bigcup_{i=1}^m A_i = U$）。

集合覆盖的启发式贪心算法

```
K := ∅                  // 被选中集合的索引
while f_cov(K) < |U| do  // U的一部分未被覆盖
    i* := argmax_{i=1}^m [ f_cov(K ∪ {i}) - f_cov(K) ]
    K := K ∪ {i*}
return K
```

设 k 表示覆盖 U 的所有元素需要的最少子集数量。下面哪个近似正确性保证对于这个算法是成立的？（选择最正确的答案。）

（a）它的解决方案最多由 $2k$ 个子集组成。

（b）它的解决方案由 $O(k \log |U|)$ 个子集组成。

（c）它的解决方案由 $O(k \cdot \sqrt{|U|})$ 个子集组成。

（d）它的解决方案由 $O(k \cdot |U|)$ 个子集组成。

问题 2.3（S）这个问题考虑了背包问题的 3 种启发式贪心算法（在第 1.4.2 节定义）。问题的输入由 n 件价值分别为 $v_1, v_2, \cdots, v_n$ 且大小分别为 $s_1, s_2, \cdots, s_n$ 的物品以及容量 C 所组成。

背包问题的启发式贪心算法#1

```
I := ∅, S := 0  // 选中的物品以及它们的大小
对作业排序并重新索引，使 v_1 ≥ v_2 ≥ ... ≥ v_n
for i = 1 to n do
    if S + s_i ≤ C then     // 如果可行就选择该物品
        I := I ∪ {i}, S := S + s_i
return I
```

---

① 这个问题是 NP 问题，参见问题 4.6。

背包问题的启发式贪心算法#2

$I := \varnothing$, $S := 0$ // 选中的物品以及它们的大小

对作业排序并重新索引，使 $\dfrac{v_1}{s_1} \geqslant \dfrac{v_2}{s_2} \geqslant \cdots \geqslant \dfrac{v_n}{s_n}$

for $i = 1$ **to** n **do**
 if $S + s_i \leqslant C$ **then** // 如果可行就选择该物品
  $I := I \cup \{i\}$, $S := S + s_i$
return I

背包问题的启发式贪心算法#3

I_1 := 启发式贪心算法#1 的输出
I_2 := 启发式贪心算法#2 的输出
return I_1、I_2 中总价值更大的那个

下列哪些说法是正确的？（选择所有正确的答案。）

（a）第 1 个贪心算法所返回的解决方案的总价值总是能够达到理想最大值的 50%。

（b）第 2 个贪心算法所返回的解决方案的总价值总是能够达到理想最大值的 50%。

（c）第 3 个贪心算法所返回的解决方案的总价值总是能够达到理想最大值的 50%。

（d）如果每件物品的大小最多只有背包容量的 10%（$\max_{i=1}^{n} s_i \leqslant C/10$），则第 1 个贪心算法所返回的解决方案的总价值至少能达到理想最大值的 90%。

（e）如果每件物品的大小最多只有背包容量的 10%，则第 2 个贪心算法所返回的解决方案的总价值至少能达到理想最大值的 90%。

（f）如果每件物品的大小最多只有背包容量的 10%，则第 3 个贪心算法所返回的解决方案的总价值至少能达到理想最大值的 90%。

问题 2.4 （S）在顶点覆盖问题中，输入是一个无向图 $G = (V, E)$，目标是确认一个最小的顶点子集 $S \subseteq V$，能够包含 E 中每条边的至少一个端点。[①]（例如，

---

① 这个问题是 NP 问题，参见问题 4.5。

边可能表示道路，顶点表示道路的交汇，目标是在尽可能少的交汇处安装安全摄像头，实现对所有的道路的监控。）一个简单的启发式算法就是反复选择一条当前尚未被选择的边，并把它的两个端点添加到目前的解决方案中。

顶点覆盖问题的启发式算法

```
S := ∅                  // 选中的顶点
while 存在一条边 (v,w) ∈ E, 满足 v,w ∉ S do
    S := S ∪ {v,w}       // 添加这条边的两个端点
return S
```

设 k 表示覆盖每条边的至少一个端点所需要的最少顶点数量。下面哪个近似正确性保证对于这个算法是成立的？（选择最正确的答案。）

（a）它的解决方案最多由 $2k$ 个顶点组成。

（b）它的解决方案由 $O(k \log |E|)$ 个顶点组成。

（c）它的解决方案由 $O(k \cdot \sqrt{|E|})$ 个顶点组成。

（d）它的解决方案由 $O(k \cdot |E|)$ 个顶点组成。

问题 2.5（S）关于第 2.5.2 节的通用局部搜索算法，下面哪种说法是不正确的？

（a）它的输出一般依赖于初始可行解决方案的选择。

（b）它的输出一般依赖于从众多的局部移动中选择一个改进性局部移动的方法。

（c）它最终总会结束于某个最优解决方案。

（d）在某些情况下，它在结束前会执行指数级（相对于输入规模）的迭代次数。

2.7.1　挑战题

问题 2.6（H）提供 Graham 算法（第 2.1.3 节）的一个实现，使用一种堆数据结构，并实现 $O(n\log m)$ 的运行时间，其中 n 表示作业的数量，m 表示机器的

数量。①

问题 2.7（H）这个问题对定理 2.2 进行了改进，对小测验 2.3 的例子进行了扩展，以确认 LPT 算法（第 2.1.7 节）的最大近似正确性保证。

（a）设作业 j 是分配给某台机器的最后一个作业，该机器是 LPT 算法所返回的调度方案中负载最大的。证明如果 $\ell_j > M^*/3$（其中 M^* 表示最小完成工时），则这个调度方案就是最优的（即完成工时为 M^*）。

（b）证明 LPT 算法所输出的调度方案最大不会超过最小完成工时的 $\frac{4}{3} - \frac{1}{3m}$ 倍，其中 m 表示机器的数量。

（c）对小测验 2.3 的例子进行归纳，说明对于每个 $m \geq 1$，存在一个 m 台机器的例子，使 LPT 算法所产生的调度方案的完成工时是最小完成工时的 $\frac{4}{3} - \frac{1}{3m}$ 倍。

问题 2.8（H）回顾小测验 2.5 的 GreedyCoverage 算法的糟糕例子。

（a）证明命题 2.1。

（b）对（a）的例子进行扩展，说明即使在最佳场景中存在平局的情况下，对于每个常量 $\epsilon > 0$，GreedyCoverage 算法并不能保证实现最大覆盖的 $1 - \left(1 - \frac{1}{k}\right)^k + \epsilon$（其中 k 表示所选中的子集数量）。

问题 2.9（H）说明最大覆盖问题的每个实例可以改编为影响最大化问题的一个实例，使：(i) 两个实例具有相同的最优目标函数值 F^*；(ii) 后者中影响为 F 的任何解决方案可以很轻易地转换为前者覆盖至少为 F 的解决方案。

问题 2.10（H）最大覆盖问题的目标是选择 k 个子集，使覆盖 f_{cov} 最大化。影响最大化问题的目标是选择 k 个顶点，使影响 f_{inf} 最大化。这种类型的问题的通用版本是：根据一个对象集合 O 和一个实数值的集合函数 f（对于每个子集 $S \subseteq O$，指定了一个数值 $f(S)$），从 O 中选择 k 个对象，使 f 最大化。GreedyCoverage 和

---

① 从理论上说，运行时间将是 $O(m + n\log m)$。但是当 $n \leq m$ 时，这个问题就没啥意义，因为在这种情况下，每个作业可以拥有一台专用的机器。

GreedyInfluence 算法可以很自然地进行扩展，从而适用于这个更基本的问题。

集合函数最大化问题的贪心算法

```
S := ∅                  // 选中的顶点
for j = 1 to k do       // 逐个地选择对象
   // 贪心地增大目标函数
   o* := argmax_{o∉S} [ f(S ∪ {o}) − f(S) ]
   S := S ∪ {o* }
return S
```

对于哪些目标函数 f，这种贪心算法能够实现与定理 2.3 和 2.4 相近的近似正确性保证呢？下面是一些关键属性。

1. 非负性：对于所有的 $S \subseteq O$，满足 $f(S) \geqslant 0$。

2. 单调性：当 $S \supseteq T$ 时，均有 $f(S) \geqslant f(T)$。

3. 子模块性：当 $S \supseteq T$ 且 $o \notin S$ 时，均有 $f(S \cup \{o\}) - f(S) \leqslant f(T \cup \{o\}) - f(T)$。[①]

（a）证明覆盖函数 f_{cov} 和影响函数 f_{inf} 都拥有这 3 个属性。

（b）证明当 f 满足非负性、单调性和子模块性时，通用的启发式贪心算法保证能够返回一个对象集合 S，满足

$$f(S) \geqslant \left(1 - \left(1 - \frac{1}{k} \right)^k \right) \cdot f(S^*)$$

其中 S^* 对于 O 的所有大小为 k 的子集实现了 f 的最大化。

问题 2.11（H）问题 2.3 对背包问题的启发式贪心算法的近似正确性保证进行了研究。现在我们规划一种具有更强保证的动态规划算法：对于一个用户指定的容错参数 $\epsilon > 0$（例如 0.1 或 0.01），这个算法输出一个总价值至少是最大理想总价值的 $(1 - \epsilon)$ 倍的解决方案。（如果觉得这个目标对于 NP 问题来说过于美好，可以透露一下：当 ϵ 趋向于 0 时，这个算法的运行时间会直线上升。）

---

① 子模块性表示了"收益递减"（diminishing returns）属性：随着其他对象的不断获得，新对象 o 的边际价值只会不断减小。

（a）第 1.4.2 节提到了背包问题可以使用动态规划在 $O(nC)$ 时间内解决，其中 n 表示物品的数量，C 表示背包的容量，另参见"算法详解"系列图书第 3 卷的第 4 章。（所有物品的价值和大小以及背包的容量都是正整数）为这个问题提供一种不同的动态规划算法，运行时间为 $O(n^2 \cdot v_{\max})$，其中 $v_{\max}$ 表示任何物品的最大价值。

（b）为了把物品的价值收缩到可管理的量级，可以把它们都除以 $m := (\epsilon\, v_{\max})/n$，然后把每个结果向下取整为最接近的整数（其中 ϵ 是用户指定的容错参数）。证明每个可行的解决方案的总价值至少缩小为原来的 $1/m$，最优解决方案的总价值最多缩减为原先的 $m/(1-\epsilon)$ 分之一。（可以假设每件物品的大小不超过 C，因此能够放入背包。）

（c）提供一种 $O(n^3/\epsilon)$ 时间的算法，保证返回一个总价值至少是最大总价值的 $(1-\epsilon)$ 倍的可行解决方案。[①]

问题 2.12　（H）这个问题描述了旅行商问题的一种经常遇到的特殊情况，可以用一种快速的启发式算法解决，并且能够实现良好的近似正确性保证。在 TSP 的一个度量实例 $G = (V, E)$ 中，所有的边成本 c_e 都是非负的，任意两个顶点之间的最短路径是直接的单跳路径（这个条件称为"三角不等式"）：对于每一对顶点 $v, w \in V$ 和 $v-w$ 路径 P，都满足

$$c_{vw} \leqslant \sum_{e \in P} c_e$$

（小测验 1.2 的例子是度量实例，而小测验 2.7 的例子则不是。）

三角不等式一般在边成本对应于物理距离的应用中是成立的。在度量实例这种特殊情况下，TSP 仍然是 NP 问题（参见问题 4.12（a））。

实现一种快速启发式算法的起点是问题 1.8 所描述的树实例的线性时间算法。关键的思路是通过计算一棵最小生成树，把一个通用的度量实例转化为一个树实例。

---

① 具有这种类型的保证的启发式算法称为完全多项式时间的近似方案（FPTAS）。

> ### 度量 TSP 的 MST 启发式算法
>
> $T :=$ 输入图 G 的最小生成树。
>
> 返回 T 所定义的树实例的一条最优路线。

第 1 个步骤是使用 Prim 算法或 Kruskal 算法实现近似线性的运行时间。第 2 个步骤可以使用问题 1.8 的解决方案实现线性时间。在第 2 个步骤所构建的树 TSP 实例中，T 的一条边 e 的长度 a_e 被设置为给定的度量 TSP 实例中这条边的成本 c_e（这个树实例中的每条边 (v, w) 的成本被定义为 T 中唯一的 v–w 路径的总长度 $\sum_{e \in P_{v, w}} a_e$）。用最小生成树解决旅行商问题的过程如图 2.29 所示。

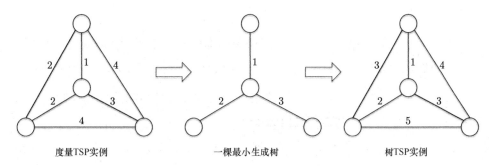

图 2.29　用最小生成树解决旅行商问题

（a）证明一条旅行商路线的最低总成本至少是一棵最小生成树的最低总成本。（这个步骤并不需要三角不等式。）

（b）证明对于每个度量 TSP 实例，MST 启发式算法所计算的路线的总成本不超过最小总成本的两倍。

问题 2.13　（H）提供 2-OPT 算法（第 2.4.3 节）的一种实现，使主 while 循环的每次迭代的运行时间为 $O(n^2)$，其中 n 表示顶点的数量。

问题 2.14　（S）大多数局部搜索算法无法实现多项式运行时间，并缺乏近似正确性保证。这个问题描述了一个罕见的特例。对于一个整数 $k \geqslant 2$，在最大 k 割集问题中，输入是个无向图 $G = (V, E)$。可行解决方案是这个图的 k 个割集，也就是把顶点集 V 划分为 k 个非空的组 $S_1, S_2, \cdots, S_k$。这个问题的目标是使端点位于不同组的边的数量最大化。例如，在图 2.30 中，在总共 17 条边中，有 16

条边的端点位于 3 个割集（{1,6,7}，{2,5,9}，{3,4,8}）的不同组中。[①]

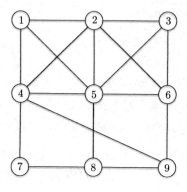

图 2.30　无向图

对于 k 个割集（S_1, S_2, …, S_k），每个局部移动对应于一个顶点从一个组到另一个组的重新分配，并且受制于 k 个组中的任何一个都必须非空这个约束。

（a）证明对于每种初始的 k 个割集以及改进性局部移动的选择规则，通用的局部搜索算法会在 $|E|$ 次迭代之内结束。

（b）证明对于每种初始的 k 个割集以及改进性局部移动的选择规则，通用的局部搜索算法会在 k 个割集满足目标函数值至少为最大值的 $(k-1)/k$ 倍时结束。

2.7.2　编程题

问题 2.15　用自己最喜欢的编程语言实现 TSP 的最近邻居算法（参见小测验 2.7）。

在独立选择边成本以及在集合 {1, 2, …,100} 中统一随机选择边成本的实例上分别测试自己的实现。或者说，在顶点对应于独立选择的点以及对应于单位空间中统一随机选择的点的实例上进行试验。[②]这个程序在输入规模（即顶点数量）达到多大时仍然能够在 1 分钟内进行可靠的处理呢？在 1 小时内又是如何呢？

---

① 没有办法做得更好，因为 { 1, 2, 4, 5 } 中的两个端点必须属于一个公共组。

② 也就是说，每个点的 x 和 y 坐标是独立的，且在[0, 1]中是统一随机选择的。连接两个点 (x_1, y_1) 和 (x_2, y_2) 的成本就被定义为它们之间的欧几里得距离（即直线距离），也就是 $\sqrt{(x_1 - x_2)^2 + (y_1 - y_2)^2}$。（对于最近邻居算法，使用平方欧几里得距离也是一样的。）

（关于测试用例和挑战数据集，参见 algorithmsilluminated 网站。）

问题 2.16　用自己最喜欢的编程语言实现第 2.4.3 节的 2-OPT 算法。使用问题 2.15 的最近邻居算法的实现来计算一条初始路线。实现主循环的每次迭代，使它的运行时间为平方级时间（参见问题 2.13），并用不同的改进性局部移动选择方法进行试验。在问题 2.15 所使用的相同实例上试验自己的实现。[①]

局部搜索算法应用于初始路线的总成本能够实现多大的改进？哪种选择规则能够实现最大的改进？（关于测试用例和挑战数据集，参见 algorithmsilluminated 网站。）

---

① 关于单位空间中的点，使用欧几里得距离或平方欧几里得距离有没有什么区别？

第 3 章 ℃

速度的妥协：准确的非高效算法

对于 NP 问题，我们无法做到尽善尽美。如果无法在准确性上做出妥协，启发式算法就无从谈起，可以考虑并不总是能够实现多项式运行时间的准确算法。本章的目标是设计一种通用、正确的算法，并且尽可能地快速。在输入规模非常巨大时，它必须要比穷举搜索更快。第 3.1 节和第 3.2 节在两个案例研究（TSP 以及在图中寻找最长路径的问题）中使用动态规划设计了总是能够比穷举搜索更快的算法。第 3.3 节~第 3.5 节介绍了混合整数规划和可满足性解决程序，它们缺乏优于穷举搜索的运行时间保证，但是在解决实际出现的 NP 问题实例时，明显能够实现较高的效率。

3.1　TSP 的 Bellman-Held-Karp 算法

3.1.1　底线：穷举搜索

在 TSP（第 1.1.2 节）中，输入是个完全图 $G = (V, E)$，图中的边具有实数值的成本。这个问题的目标是计算一条路线，也就是对每个顶点正好访问 1 次的环路，并具有最小的边成本之和。TSP 是 NP 问题（参见第 4.7 节）。如果在正确性方面无法妥协，那么唯一的选择就是在最坏情况下让算法的运行时间超过多项式时间（很可能是指数级时间。和往常一样，假设 P≠NP 猜想是正确的）。算法天赋能不能在这里闪现光芒，使它至少要优于无脑的穷举搜索呢？我们能够期望实现多大程度的加速呢？

通过穷举搜索法解决 TSP 是对 $\frac{1}{2}(n-1)!$ 条可能的路线（小测验 1.1）进行搜索。这种算法的运行时间是 $O(n!)$。阶乘函数 $n\times(n-1)\times(n-2)\cdots2\times1$ 的增长速度显然要比简单的指数函数如 2^n 要快得多。后者是 n 个 2 的乘积，而前者是 n 项的乘积，其中绝大多数的项要远大于 2。它能够达到多大？这个问题有一个很著名的准确答案，称为斯特林公式。[①]（在这个公式中，e = 2.718…表示欧拉数或自然对数。当然，π = 3.14…。）

斯特林公式

$$n! = \sqrt{2\pi n}\left(\frac{n}{e}\right)^n \tag{3.1}$$

斯特林公式说明了阶乘函数（具有 n^n 类型的依赖性）的增长速度要远远快于 2^n。例如，当我们在一台现代的计算机上运行一个 $n!$ 时间级的算法时，当 n 的值大约到达 15 时，2^n 时间级的算法已经在处理 $n = 40$ 左右的输入了。（如果读者对此仍然没有很明确的感觉，可以想像一下遇到 NP 问题的感受！）因此，把 TSP 算法的运行时间压缩到近似 2^n 是一个非常有价值的目标！

3.1.2 动态规划

虽然动态规划的许多"杀手"级应用是针对可以在多项式时间内解决的问题，但这种算法范例也可以用于解决 NP 问题，实现远快于穷举搜索的解决方案，包括背包问题（第 1.4.2 节）、TSP（本节）和其他更多问题（第 3.2 节）。下面简单回顾一下动态规划算法范例（"算法详解"系列图书第 3 卷的第 4 章）。

---

① 只需要记住它的名称而不是它的公式或证明。如果有需要，可以通过维基百科或其他资料进行查询。

动态规划范例

1. 确认一个相对较小的子问题集合。

2. 说明如何快速、正确地根据"更小的"子问题的解决方案来解决"更大的"子问题。

3. 说明如何快速、正确地根据所有子问题的解决方案得到最终的解决方案。

完成了这三个步骤之后，对应的动态规划算法也就不言自明了：系统地逐个解决所有的子问题，从"最小的"逐渐到"最大的"，并根据所有子问题的解决方案推导出最终的解决方案。

例如，假设一种动态规划算法最多解决 $f(n)$ 个不同的子问题（从"最小"到"最大"系统地予以解决），每个子问题最多使用 $g(n)$ 的时间，并最多使用 $h(n)$ 的时间完成后处理工作以提取最终的解决方案（n 表示输入规模）。则这个算法的运行时间最多为：

$$\underbrace{f(n)}_{\substack{\text{子}\\\text{问题}}} \times \underbrace{g(n)}_{\substack{\text{每个子问题的解决时间}\\\text{（在以前解决方案的基础上）}}} + \underbrace{h(n)}_{\text{后处理}} \tag{3.2}$$

把动态规划算法应用于像 TSP 这样的 NP 问题时，我们应该预料到 $f(n)$、$g(n)$ 或 $h(n)$ 这几个函数至少有 1 个达到 n 的指数级。回顾几个经典的动态规划算法，我们可以发现函数 $g(n)$ 或 $h(n)$ 几乎总是 $O(1)$ 或 $O(n)$，而子问题数量 $f(n)$ 则因不同的算法而存在巨大的差异。[①] 因此，我们对 TSP 的动态规划算法的子问题数量达到指数级应该有心理准备。

3.1.3　最优子结构

发挥动态规划算法潜力的关键在于确认正确的子问题集合。确定这些子问题的最好方法是通过不同的角度思考最优解决方案是如何由更小子问题的最优解

[①] 例如，路径图的加权独立子集的动态规划算法解决 $O(n)$ 的子问题（其中 n 表示顶点数量），而背包问题的动态规划算法解决 $O(nC)$ 的子问题（其中 n 表示物品数量，C 表示背包容量）。Bellman-Ford 和 Floyd-Warshall 的最短路径算法分别解决 $O(n^2)$ 和 $O(n^3)$ 的子问题（其中 n 表示顶点数量）。

决方案创建而成的。

假设有人递给我们一个万能银盘，上面刻着顶点 $V = \{1, 2, \cdots, n\}$（$n \geqslant 3$）的旅行商问题的一条最低成本路线。它看上去会是什么样子的？它可以通过多少种不同的方式根据更小子问题的解决方案来创建最优解决方案？把路线 T 看成从顶点 1 出发并返回到顶点 1，然后聚焦到它的最后一次决策，也就是从某个顶点 j 返回到起点 1 的最终边。只要我们知道了 j 的身份，就可以知道这条路线的样子：从 1 到 j 访问每个顶点正好 1 次的最低成本无环路径加上一条从 j 回到 1 的边，如图 3.1 所示。[①]

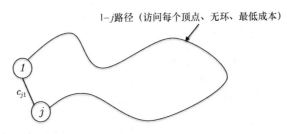

图 3.1　最低成本无环路径

因此，竞争成为最优旅行商路线有且只有 $n-1$ 个候选者（即从 1 到最终顶点 $j \in \{2, 3, \cdots, n\}$ 的每个选择），它们之中最优的那条路线肯定就是最低成本的路线：[②]

$$\text{最优路线的成本} = \min_{j=2}^{n} (\text{访问每个顶点的无环 } 1\text{-}j \text{ 路径的最低成本} + c_{j1}) \quad (3.3)$$

到目前为止，一切都很正常。但是当我们继续向前时，情况就变得复杂了。思考 $n-1$ 个子问题的其中一个最优解决方案，也就是从 1 到 j 访问每个顶点正好 1 次的最低成本路径（或者说是访问每个顶点的无环路径）。它是什么样子的呢？

---

① 为什么 $T - \{(j, 1)\}$ 肯定是一条最低成本无环路径呢？因为如果存在一条访问每个顶点的更低成本的无环 $1\text{-}j$ 路径，就可以通过插入边 $(j, 1)$ 还原一条更低成本的路线（与 T 是最优路线的前提相悖）。

② 按照递归的方式思考，最低成本路线可以通过对顶点 j 的 $n-1$ 个选择以迭代的方式进行计算。在每次迭代中，递归地计算访问每个顶点的最低成本无环 $1\text{-}j$ 路径。

小测验 3.1

设 P 是一条从 1 到 j 访问每个顶点的最低成本无环路径，它的最后一次跳跃是 (k, j)。设 P' 表示 P 删除了最后一次跳跃 (k, j) 之后的路径。下面哪些说法是正确的？（选择所有正确的答案。）

（a）P' 是一条从 1 到 k 的无环路径，访问了 $V - \{j\}$ 的每个顶点。

（b）P' 是一条 (a) 形式的最低成本路径。

（c）P' 是一条从 1 到 k 的无环路径，访问了 $V - \{j\}$ 的每个顶点，但它并没有访问顶点 j。

（d）P' 是一条 (c) 形式的最低成本路径。

（关于正确答案和详细解释，参见第 3.1.7 节。）

小测验 3.1 的答案证明了下面这个辅助结论。

辅助结论 3.1（TSP 的最优子结构）　假设 $n \geqslant 3$。设 P 是一条从顶点 1 到顶点 j 的最低成本无环路径，访问了 $V = \{1, 2, \cdots, n\}$ 的每个顶点，并且它的最后一次跳跃是 (k, j)。1–k 的子路径 P' 肯定是一条访问了 $V - \{j\}$ 的每个顶点的最低成本无环 1–k 路径。

换句话说，一旦知道了最优路径的最后一次跳跃，它剩下的样子也就一清二楚了。

辅助结论 3.1 中由 P' 以最优方式解决的子问题准确地指定了需要访问的顶点子集。坏消息是我们的动态规划算法被迫使用以顶点子集为索引的子问题（非常遗憾，这个数量是指数级的）。好消息是这些子问题并没有指定顶点的访问顺序。由于这个原因，这个数量级是 2^n 级的，而不是 $n!$ 级的。[1]

3.1.4　推导公式

辅助结论 3.1 把顶点 1 到顶点 j 的最优路径的可能性缩减到只有 $n - 2$ 个候选者，倒数第 2 个顶点的每种选择各有 1 个候选者。这 $n - 2$ 个候选者中最优的那个

---

[1]　由于相同的原因，这个算法所需要的内存也达到 2^n 规模（这点与只使用少量内存的穷举搜索不同）。

肯定就是最优路径。

推论 3.1（**TSP 推导公式**） 根据辅助结论 3.1 的假设和概念，设 $C_{S,j}$ 表示从顶点 1 出发到达顶点 $j \in S$ 结束的一条最低成本无环路径，并访问子集 $S \subseteq V$ 中的每个顶点正好 1 次。对于每个 $j \in V - \{1\}$，均有

$$C_{V,j} = \min_{\substack{k \in V \\ k \neq 1, j}}(C_{V-\{j\},k} + c_{kj}) \tag{3.4}$$

按照更基本的说法，对于每个包含了顶点 1 以及至少 2 个其他顶点的子集 $S \subseteq V$，并对于每个顶点 $j \in S - \{1\}$，均有

$$C_{S,j} = \min_{\substack{k \in S \\ k \neq 1, j}}(C_{S-\{j\},k} + c_{kj}) \tag{3.5}$$

推论 3.1 的第 2 种说法是把第 1 种说法应用于 S 的顶点，这些顶点被看成自身的 TSP 实例（边成本从原实例继承而来）。推导公式（3.4）和公式（3.5）中的 "min" 对一个最优解决方案倒数第 2 个顶点的候选者实现了穷举搜索。

3.1.5 子问题

对推导公式（3.5）的参数 S 和 j 的所有相关值进行考虑之后，我们就得到了子问题的集合。基本情况对应于 $\{1, j\}$ 形式的子集，其中 $j \in V - \{1\}$。[①]

TSP：子问题

计算 $C_{S,j}$，也就是从顶点 1 到顶点 j 的一条无环路径的最低成本。这条路径只访问 S 中的顶点。

（对于包含顶点 1 和至少 1 个其他顶点的每个 $S \subseteq \{1, 2, \cdots, n\}$ 以及每个 $j \in S - \{1\}$。）

式（3.3）中的等式说明了如何根据最大子问题（$S = V$）的解决方案计算一条路线的最低成本：

---

① 按照递归的思考方式，每次应用推导公式（3.5）可以有效地移除 1 个顶点（顶点 1 之外），可以不必再考虑它。这些顶点的选择是任意的，因此我们必须对选中任何顶点子集（包含了顶点 1 和至少 1 个其他顶点）做好心理准备。

$$最优路线成本 = \min_{j=2}^{n} (C_{V,j} + c_{j1}) \tag{3.6}$$

3.1.6　Bellman-Held-Karp 算法

掌握了子问题、推导公式（3.5）和后处理步骤（3.6）之后，TSP 的动态规划算法也就不言自明了。需要追踪的 S 的选择共有 $2^{n-1}-1$ 个（$\{2, 3, \cdots, n\}$ 的每个非空子集均有 1 个），"子问题的大小"是由需要访问的顶点数量（S 的大小）决定的。对于子集 $S = \{1, j\}$ 这个基本情况，唯一的选择是单跳的 $1\text{-}j$ 路径，成本为 c_{1j}。在下面的伪码中，子问题数组是由顶点子集 S 所索引的。在算法的具体实现中，这些子集将用整数来表示。[①]

Bellman-Held-Karp 算法

输入： 完全无向图 $G = (V, E)$，$V = \{1, 2, \cdots, n\}$ 且 $n \geqslant 3$，每条边 $(i, j) \in E$ 具有实数值的成本 c_{ij}。

输出： G 的一条旅行商路线的最低总成本。

```
// 子问题（1∈S, |S| ≥2, j∈V- {1}）
//（只有 j∈S 的子问题被使用）
A := (2^{n-1}-1) × (n-1) 二维数组
// 基本条件(|S| = 2)
for j = 2 to n do
    A[{1, j}][j] := c_{1j}
// 系统地解决所有的子问题
for s = 3 to n do  // s = 子问题的大小
    for S with |S| = s 且 1∈S do
        for j∈S- {1} do
            // 使用推论 3.1 所返回的推导公式
            A[S][j]:= min_{k∈S, k≠1,j} (A[S-{j}][k]+c_{kj})
// 使用（3.6）计算最优路线的成本
return min_{j=2}^{n}(A[V][j]+c_{j1})
```

---

① 例如，子集 $V - \{1\}$ 可用长度为 $(n-1)$ 的位数组来表示，后者又可以解释为 0 和 $2^{n-1} - 1$ 之间的整数的二进制展开形式。

在负责计算子问题解决方案 $A[S][j]$ 的循环迭代中，$A[S-\{j\}][k]$ 形式的所有项都已经在最外层 for 循环的以前迭代中被计算出来（或做为基本情况）了。这些值已经就绪，可以在常数级的时间内查询。[1][2]

Bellman-Held-Karp 算法的正确性可以通过数学归纳法（根据子问题的大小）来证明，推论 3.1 的推导公式证明了归纳步骤和最终的后处理步骤中的等式（3.6）的正确性。[3]

这个算法的运行时间呢？基本情况和后处理步骤需要 $O(n)$ 的时间。一共有 $(2^{n-1}-1)(n-1) = O(n2^n)$ 个子问题。解决一个子问题可以归结为内层循环的最小值计算，它需要 $O(n)$ 的时间。因此，这个算法的总体运行时间是 $O(n^2 2^n)$。[4][5]

定理 3.1（Bellman-Held-Karp 算法的属性）　对于 $n \geq 3$ 并且具有实数值边成本的每个完全图 $G = (V, E)$，Bellman-Held-Karp 算法的运行时间是 $O(n^2 2^n)$，它返回一条旅行商路线的最低成本。

Bellman-Held-Karp 算法计算一条最优路线的总成本，而不是最优路线本身。和其他动态规划算法一样，我们可以在一个后处理步骤中重建一个最优解决方案，方法是对已填充的子问题数组进行回溯（问题 3.6）。

3.1.7　小测验 3.1 的答案

正确答案：（a）、（c）、（d）。由于 P 是一条从 1 到 j 访问每个顶点的无环路径，并且它的最后一次跳跃是 (k, j)，子路径 P' 是一条从 1 到 k 访问 $V-\{j\}$ 中所有

---

① 这个算法是由 Richard E. Bellman 在他的论文 "Dynamic Programming Treatment of the Travelling Salesman Problem"（*Journal of the ACM*，1962 年）以及 Michael Held 和 Richard M. Karp 在他们的论文 "A Dynamic Programming Approach to Sequencing Problems"（*Journal of the Society for Industrial and Applied Mathematics*，1962 年）中独立提出的。

② 关于 Bellman-Held-Karp 算法的一个实际应用例子，可以参考问题 3.2。

③ 如果要复习数学归纳法，可以参阅 "算法详解" 系列图书第 1 卷的附录 A 或者 algorithmsilluminated 网站上的资源。

④ 在（3.2）的记法中，$f(n) = O(n2^n)$，$g(n) = O(n)$，$h(n) = O(n)$。

⑤ 它的运行时间分析假设一个特定大小 $s \geq 3$ 且 $1 \in S$ 的子集 S 在数量为 $\binom{n-1}{s-1}$ 时可以以线性时间枚举，例如通过一种递归的枚举方式。（如果读者想深入探索这个话题，可以参阅 "Gosper's hack"。）

顶点但不访问 j 的无环路径。因此，（a）和（c）都
是正确的答案。答案（b）是不正确的，因为 P' 可
能无法与从 1 到 k 访问了 $V-\{j\}$ 中的所有顶点并且
可以访问 j 的无环路径竞争，如图 3.2 所示。

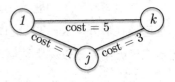

图 3.2　无法访问所有顶点

　　我们可以通过反证法来证明（d）。[①]设 C 表示
P 的总成本，这样 P' 的成本是 $C-c_{kj}$。如果（d）是错误的，则还存在另一条
从 1 到 k 的无环路径 P^* 访问了 $V-\{j\}$ 的每个顶点但没有访问顶点 j，并且它的
成本 $C^* < C-c_{kj}$。这样，把边 (k,j) 添加到 P^* 上就生成了一条从 1 到 j 的路径，它的
总成本 $C^* + c_{kj} < C$，如图 3.3 所示。

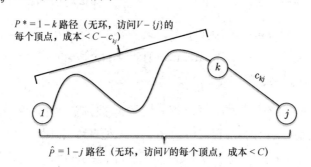

图 3.3　反证法证明（d）是错误的

　　而且，路径 $\hat{p}$ 是无环的（因为 P^* 是无环的并且不访问 j），并访问 V 的每个
顶点（因为 P^* 访问 $V-\{j\}$ 的每个顶点）。这就与之前 P 是最低成本的路径的假设
相悖。

*3.2　通过颜色编码寻找最长路径

　　图在算法研究中是无处不在的，因为它把可表达性和可处理性完美地结合在
一起。在本书中，我们已经看到了许多对图进行处理的高效算法（图的搜索、连

---

① 记住，在这种类型的证明中，我们先假设自己想要证明的论点的反论是正确的，然后在这个假设的基
　础上通过一系列逻辑正确的步骤，最终得出一个显而易见的错误结论。这种悖论说明了之前的假设是
　错误的，从而证明了我们想要证明的论点是正确的。

通分量、最短路径等），许多应用领域（道路网、万维网、社交网络等）可以很好地通过图进行建模。本节将详细讨论另一个例子，它是动态规划和随机化的一个"杀手"级应用，用于在生态网络中对结构进行检测。

3.2.1　动机

细胞中所进行的大多数活动是通过蛋白质（氨基酸链）进行的，常常需要一致的协作。例如，一系列的蛋白质可能把一个到达细胞膜的信号传输到负责把细胞的 DNA 转录到 RNA 的蛋白质。理解这种信号通路以及它们是如何通过基因突变进行重组的对于开发新药来对抗疾病是极为重要的。

蛋白质之间的交互可以很自然地用图进行建模，称为蛋白质相互作用（PPI）网络，其中的顶点表示一种蛋白质，边表示一对蛋白质之间的相互作用。最简单的信号通路是线性通路，对应于 PPI 网络中的路径。我们需要多快才能找到它们？

3.2.2　问题定义

在一个 PPI 网络中寻找一条特定长度的线性通路的问题可以看成下面这个最低成本的 k-路径问题。所谓图的 k-路径，就是由访问 k 个不同顶点的 $k-1$ 条边所组成的（无环）路径。

问题：最低成本的 k-路径

输入：无向图 $G = (V, E)$，每条边 $e \in E$ 具有实数值的成本 c_e，另外还有一个正整数 k。

输出：G 的一条 k-路径，具有最低的总成本 $\sum_{e \in P} c_e$。（如果 G 不存在 k-路径，就报告这个事实。）

边成本反映了杂乱的生物数据不可避免的非确定性。成本越高表示对应的那对蛋白质具有相互作用的可能性就越低。（如果两个蛋白质之间不存在边，那么可以把成本看成 $+\infty$。）在 PPI 网络中，最低成本的 k-路径对应于某个特定长度的最有可能的线性通路。在现实的实例中，k 可能是 10 或 20，顶点的数量可能以

百计或以千计。

例如，在图 3.4 中，4-路径的最低成本是 8（$c{\rightarrow}a{\rightarrow}b{\rightarrow}e$）。

最低成本 k-路径问题与 TSP 密切相关。由于这个原因，它也是 NP 问题（参见第 4.3 节）。但是，我们能不能做得比穷举搜索更好？

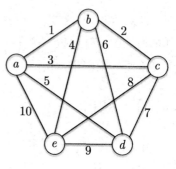

图 3.4　示例图

3.2.3　子问题的初次试探

最低成本的 k-路径问题看上去与 TSP 非常相似，主要区别是前者的路径长度固定为 k。为什么不使用之前明显胜过穷举搜索的 TSP 算法（第 3.1.5 节）的相同子问题呢？也就是说，对于一个给定的图 $G = (V, E)$，图中的边具有实数值的成本，并且路径长度为 k。

子问题（初始试探）

计算 $C_{S,v}$，即一条在顶点 $v {\in} V$ 处结束并且正好访问 S 中每个顶点的无环路径的最低成本（如果不存在这样的路径，成本为 $+\infty$）。

（对于每个非空的最多包含 k 个顶点的子集 $S \subseteq V$ 且每个 $v \in S$。）

由于最低成本的 k-路径可以从任何一个顶点开始，因此子问题不再指定起始顶点（在 TSP 中起始顶点总是 1）。最低成本的 k-路径就是最大子问题（$|S| = k$）的解决方案中成本最低的那条。如果图中不存在这样的路径，那么所有这些子问题的解决方案都是 $+\infty$。

小测验 3.2

假设 $k = 10$。子问题作为顶点数量 n 的函数，它的数量有多少？（选择最正确的答案。）

（a）$O(n)$

（b）$O(n^{10})$

（c）$O(n^{11})$

（d）$O(2^n)$

（关于正确答案和详细解释，参见第 3.2.11 节。）

小测验 3.3

假设 $k = 10$。穷举搜索的简单实现作为 n 的函数，它的运行时间是什么？（选择最正确的答案。）

（a）$O(n^{10})$

（b）$O(n^{11})$

（c）$O(2^n)$

（d）$O(n!)$

（关于正确答案和详细解释，参见第 3.2.11 节。）

令人吃惊的是，使用 3.2.3 节的子问题的动态规划算法竟然无法胜过穷举搜索！除了那些很小的图，具有类似 $O(n^{10})$ 运行时间的所有算法都没有什么实际使用价值。我们需要另外一种思路。

3.2.4 颜色编码

为什么要使用这么多的子问题？不错，我们需要追踪某条路径访问过的顶点 S，以避免不小心创建了一条多次访问某个顶点的路径（回顾小测验 3.1 和辅助结论 3.1）。我们能不能通过减少追踪与路径有关的信息来获得解脱呢？下面是一个充满灵感的思路，假设有一个图 $G = (V, E)$ 以及固定的路径长度 k：[①]

[①] 由 Noga Alon、Raphael Yuster 和 Uri Zwick 在他们的论文 "Color-Coding"（*Journal of the ACM*，1995 年）中所提出。

颜色编码
1. 把顶点集 V 划分为 k 个组 V_1，V_2，$\cdots$，V_k，使 G 中存在一条最低成本的 k-路径，它在每个组中都只有 1 个顶点。
2. 在每个组都正好只有 1 个顶点的所有路径中，计算具有最低成本的那条路径。

这个技巧称为颜色编码（color coding），因为如果我们把 { 1, 2,$\cdots$, k } 中的每个整数与一种颜色相关联，就可以把经过第 1 个步骤的划分之后的第 i 组顶点 V_i 看成着色为 i 的顶点。第 2 个步骤就是寻求最低成本的全色路径，即每种颜色正好只出现一次的路径，如图 3.5 所示。

由于一共有 k 种颜色，因此全色路径肯定是 k-路径。反过来则不一定，因为 k-路径可能多次使用同一种颜色（有些颜色可能并没有被使用），如图 3.6 所示。

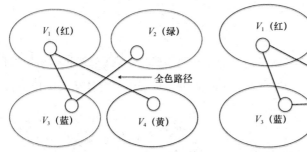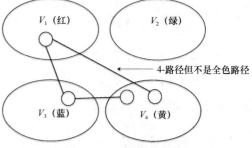

图 3.5　每种颜色只出现一次的路径　　　　　图 3.6　非全色路径

如果可以实现颜色编码规划，那么就可以解决最低成本的 k-路径问题：第 2 个步骤计算最低成本的全色路径，第 1 个步骤保证了它也是 G 的最低成本的 k-路径（全色路径或其他）。

对此表示怀疑？完全可以理解。计算最低成本的全色路径为什么比原问题要容易得多？在对最低成本的 k-路径一无所知的情况下，到底应该如何实现第 1 个步骤？

3.2.5　计算最低成本全色路径

把注意力限制在全色路径上可以简化最低成本的 k-路径问题，因为它释放了动态规划算法的潜力，使之只需要防备重复的颜色而不需要监控重复的顶点。（重复的顶点必然意味着重复的颜色，反之则不然。）子问题可以追踪一条路径中的顶点所表示的颜色，再加上结束顶点，就可以完美地代替顶点本身。为什么这种方法更优？因为颜色一共只有 2^k 个子集，而顶点在不超过 k 个时便有多达 $\Omega(n^k)$ 个子集（参见小测验 3.2 的答案）。

1. 子问题和推导公式

对于一个颜色子集 $S \subseteq \{1, 2, \cdots, k\}$，$S$-路径是一条具有 $|S|$ 个顶点的（无环）路径，并表示了 S 的所有颜色。（全色路径就是 $S = \{1, 2, \cdots, k\}$ 的 S-路径。）如果图 $G = (V, E)$ 中的边具有成本，并且它的每个顶点 $v \in V$ 都分配了 $\{1, 2, \cdots, k\}$ 中的一种颜色，则子问题具体如下。

最低成本的全色路径：子问题

计算 $C_{S,v}$，即在顶点 $v \in V$ 处结束的一条 S-路径的最低成本（如果不存在这样的路径，最成低本就是 $+\infty$）。

（对于每个非空的颜色子集 $S \subseteq \{1, 2, \cdots, k\}$，且每个顶点 $v \in V$。）

全色路径的最低成本就是最大子问题（$S = \{1, 2, \cdots, k\}$）的解决方案中成本最低的那个。如果图中不存在全色路径，那么所有这类子问题的解决方案都是 $+\infty$。

由颜色子集 S 和结束顶点 v 所表示的子问题的最优路径 P 必须建立在一个更小子问题的一条最优路径的基础之上，如图 3.7 所示。

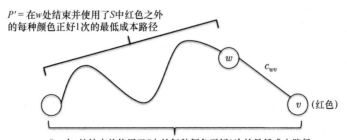

图 3.7 颜色子集 S 和结束顶点 v 所表示的子问题的最优路径

如果 P 的最后一次跳跃是 (w, v)，那么它的前驱 $P' = P - \{(w, v)\}$ 肯定是一条在 w 处结束的最低成本的 $(S - \{\sigma(v)\})$ 路径，其中 $\sigma(v)$ 表示 v 的颜色。[①]这个最优子结构立即就产生了下面这个解决所有子问题的推导公式。

辅助结论 3.2（**最低成本全色路径的推导公式**）　沿用相同的记法，对于每个至少包含 2 种颜色的子集 $S \subseteq \{1, 2, \cdots, k\}$ 和顶点 $v \in V$，存在：

$$C_{S,v} = \min_{(w,v) \in E} (C_{S - \{\sigma(v)\}, w} + c_{wv}) \tag{3.7}$$

2．动态规划算法

我们随之可以通过这个推导公式生成一种动态规划算法，计算一条全色路径的最低成本（如果不存在这样的路径，则为 $+\infty$）。

PanchromaticPath 算法

输入：无向图 $G = (V, E)$，每条边 $(v, w) \in E$ 具有实数值的成本 c_{vw}，每个顶点 $v \in V$ 具有一种颜色 $\sigma(v) \in \{1, 2, \cdots, k\}$。

输出：G 的一条全色路径的最低总成本（如果不存在这样的路径，则为 $+\infty$）。

```
// 子问题（由 S⊆{ 1, 2,···, k }所索引，v∈V）
A := (2^k-1) × |V| 二维数组
// 基本情况（|S| = 1）
for i = 1 to k do
    for v∈V do
        if σ(v) = i then
            A[{i}][v] := 0   // 通过空路径
        else
            A[{i}][v] := +∞  // 不存在这样的路径
// 系统地解决所有的子问题
for s = 2 to k do // s = 子问题大小
    for S with |S| = s do
        for v∈V do
```

---

① 这个命题的正式证明几乎与辅助结论 3.1 相同。

```
        // 使用辅助结论 3.2 的推导公式
    A[S][v]:= min (A[S-{σ(v)}][w]+c_wv)
             (w,v)∈E
// 最大子问题的解决方案中最优的那个
return min v∈V A[{1, 2,···, k}][v]
```

关于这个算法的一种实际例子，可以参见问题 3.5。

3.2.6　正确性和运行时间

PanchromaticPath 算法的正确性可以通过数学归纳法（根据子问题的大小）来证明，辅助结论 3.2 的推导方式证明了归纳步骤。只要再加上一点额外的工作，就可以在一个 $O(k)$ 时间级的后处理步骤中重建一条最低成本的全色路径（问题 3.7）。

这个算法的运行时间分析与 Bellman-Ford 算法相呼应（参见"算法详解"系列图书第 3 卷的第 6 章）。几乎所有的算法执行的工作都是在它的 3 层 for 循环中进行的。假设输入图是用邻接列表表示的，计算 $A[S][v]$ 的值的一个最内层循环迭代需要 $O(\deg(v))$ 的时间，其中 $\deg(v)$ 表示顶点 v 的度（与该顶点相连的边的数量）。[①]对于每个子集 S，解决相关联的 $|V|$ 个子问题所消耗的组合时间是 $O\left(\sum_{v\in V}\deg(v)\right)=O(m)$，其中 $m=|E|$ 表示边的数量。[②]不同颜色子集 S 的数量小于 2^k，因此这个算法的总体运行时间是 $O(2^k m)$。

定理 3.2（**PanchromaticPath 算法的属性**）　如果输入图 G 具有 m 条边，每条边具有实数值的成本并且每个顶点分配了 $\{1, 2,···, k\}$ 中的一种颜色，那么 PanchromaticPath 算法的运行时间为 $O(2^k m)$，它会返回一条全色路径（如果存在）的最低成本，或者返回 $+\infty$（不存在这样的路径时）。

由于运行时间与 2^k 而不是 n^k 成正比，因此 PanchromaticPath 算法相比穷举搜索有了长足的进步。但是，我们真正关注的是最低成本的 k-路径问题，它并没有任何全色限制。此时，这个算法能够发挥作用吗？

---

① 从理论上说，这个分析假设每个顶点的度至少是 1。对于度数为 0 的顶点可以在一个预处理步骤中无害地将其丢弃。
② 顶点的度数之和 $\sum_{v\in V}\deg(v)$ 是边的数量的 2 倍，每条边在计算它的两个端点的度数时都计算了 1 次。

3.2.7　随机化挽救危局

颜色编码的第 1 个步骤是对输入图的顶点进行着色，使至少有一条最低成本的 k-路径为全色路径。如果不知道哪条 k-路径是最低成本的路径，那我们怎么完成这个任务呢？是时候从算法工具箱中祭出另一件"法宝"：随机化了。我们希望统一的随机化着色方案有很好的机会把最低成本的 k-路径渲染为全色路径，这样 PanchromaticPath 算法就能找到一条这样的路径。

小测验 3.4

假设我们独立地采用统一随机的方法从 $\{\,1,2,\cdots,k\,\}$ 中为图 G 的每个顶点分配一种颜色。假设 G 中有一条 k-路径 P，P 是全色路径的概率有多大？

（a）$\dfrac{1}{k}$

（b）$\dfrac{1}{k^2}$

（c）$\dfrac{1}{k!}$

（d）$\dfrac{k!}{k^k}$

（e）$\dfrac{1}{k^k}$

（关于正确答案和详细解释，参见第 3.2.11 节。）

幸运中标的概率 p 是大还是小呢？之前我们对阶乘函数有着极其精确的估计（3.1 节的斯特林公式）。代入到式（3.1）的近似公式中，使 k 扮演 n 的角色：

$$p = \frac{k!}{k^k} \approx \frac{1}{k^k} \cdot \sqrt{2\pi k}\left(\frac{k}{e}\right)^k = \frac{\sqrt{2\pi k}}{e^k} \tag{3.8}$$

看上去很糟糕。当 $k = 7$ 时，成功的概率（即把最低成本的 k-路径渲染为全色路径的概率）已经小于 1%。但是，我们可以用大量的独立随机着色进行试验，在每次试验时都运行 PanchromaticPath 算法并记录所有试验的最低成本的 k-路径，这个幸运儿就是我们所需要的。为了保证其中一种着色方案把最低成本的 k-路径渲染为全色路径的成功概率有 99%，需要进行多少次随机化试验呢？

一次试验成功的概率是 p，因此它失败的概率是 $1-p$。由于各次试验是相互独立的，因此它们的失败概率可以相乘。所有 T 次试验都失败的概率是 $(1-p)^T$。[①]记住，我们可以把 $1-p$ 的上限确定为 e^{-p}，如图 3.8 所示。

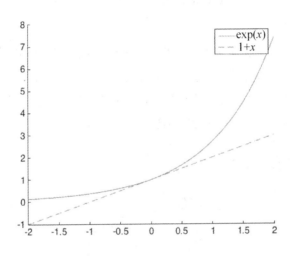

图 3.8 $1-p$ 的上限为 e^{-p}

这个失败的概率是：

$$(1-p)^T \leqslant (\mathrm{e}^{-p})^T = \mathrm{e}^{-pT} \tag{3.9}$$

把式（3.9）的右边设置为一个目标值 δ（例如 0.01），对两边取对数求取 T，得到的结果是：

$$T \geqslant \frac{1}{p} \cdot \ln\left(\frac{1}{\delta}\right) \tag{3.10}$$

独立的试验足以把失败概率下降到 δ。正如我们所预料的那样，单次试验的成功概率或预期的失败概率越低，需要的试验次数也就越多。

---

① 关于离散概率的背景知识，可以参阅“算法详解”系列图书第 1 卷的附录 B 或 algorithmsilluminated 网站上的资源。

把式（3.8）的成功概率代入到式（3.10），得到下面这个结论。

辅助结论 3.3（随机着色足够优秀）　对于每个图 G，G 的 k-路径为 P 以及失败概率 $\delta \in (0,1)$，如果

$$T \geqslant \frac{\mathrm{e}^k}{\sqrt{2\pi k}} \cdot \ln\left(\frac{1}{\delta}\right)$$

则 T 次采用统一随机着色的试验中至少有 1 次把 P 渲染为全色路径的概率最少是 $1-\delta$。

辅助结论 3.3 中指数级数量的试验次数看上去有点夸张，但它所需要的时间与单次调用 PanchromaticPath 子程序所需要的时间处在同一个范围。当 k 相对于 n（与目标应用相关的规模）较小时，试验次数要比通过穷举搜索解决 n 个顶点的图的最低成本 k-路径问题所需要的时间（根据小测验 3.3 的答案，是与 n^k 成正比）要少得多。

3.2.8　最终的算法

现在我们已经做好了一切准备工作：辅助结论 3.3 承诺多次独立的随机化着色足以实现颜色编码方法的第 1 个步骤，而 PanchromaticPath 算法负责完成第 2 个步骤。

ColorCoding 算法

输入：无向图 $G = (V, E)$，每条边 $(v, w) \in E$ 都有一个实数值的成本 c_{vw}，路径长度 k 以及失败概率 $\delta \in (0,1)$。

输出：G 的一条 k-路径的最低成本（如果不存在这样的路径，就输出 $+\infty$），失败概率不超过 δ。

```
C_best := +∞              // 目前所找到的最低成本的 k-路径
// 随机试验的次数（根据辅助结论 3.3）
T := (e^k/√(2πk)) ln 1/δ     // 四舍五入为整数
for t = 1 to T do         // 独立的试验
    for each v ∈ V do     // 选择随机着色
        σ_t(v) := {1, 2, ..., k }的随机数
```

```
                 // 这种着色方案的最优全色路径
        C := PanchromaticPath (G, c, σ_t)   // 参见第 112 页
        if  C < C_best  then                // 找到一条更低成本的 k-路径!
            C_best := C
return C_best
```

3.2.9 运行时间和正确性

ColorCoding 算法的运行时间由 $T = O\left((e^k / \sqrt{k})\ln\dfrac{1}{\delta}\right)$ 次的 $O(2^k m)$ 时间级的

PanchromaticPath 子程序调用所决定的，其中 m 表示边的数量（定理 3.2）。

为了证明它的正确性，可以观察 G 的一条最低成本的 k-路径 P^*，它的总成本为 C^*。[①] 对于每种着色 σ，PanchromaticPath 子程序的输出是一条全色路径的最低成本，它至少是 C^*。当 σ 把 P^* 转换为一条全色路径时，这个成本就是 C^*。根据辅助结论 3.3，至少有 $1-\delta$ 的概率使外层循环的一次迭代选择一种这样的着色方案。在这种情况下，ColorCoding 算法就返回 C^*，也就是正确答案。[②]

下面是结论。

定理 3.3（ColorCoding 算法的属性） 如果图 G 具有 n 个顶点和 m 条边，图中的边具有实数值的成本，路径长度 $k \in \{1, 2, \cdots, n\}$，失败概率 $\delta \in (0, 1)$，ColorCoding 算法的运行时间是

$$O\left(\frac{(2e)^k}{\sqrt{k}}\right)m\ln\left(\frac{1}{\delta}\right) \tag{3.11}$$

这个算法至少有 $1-\delta$ 的成功概率返回 G 的一条 k-路径的最低成本（如果不存在这样的路径就返回 $+\infty$）。

我们对 ColorCoding 算法的运行时间应该有什么想法呢？坏消息是（3.11）的运行时间边界是指数级的。不用奇怪，因为最低成本的 k-路径问题一般来说是

[①] 如果 G 不存在 k-路径，那么每次调用 PanchromaticPath 和 ColorCoding 算法将返回 $+\infty$（这也是正确答案）。

[②] 最著名的随机化算法 QuickSort 具有随机的运行时间（范围从近似线性级到平方级），但它总是正确的，参见"算法详解"系列图书第 1 卷的第 5 章。ColorCoding 算法则与之相反：它的随机化结果决定了它是否是正确的，但对它的运行时间不会产生什么影响。

NP 问题。好消息是它的指数级依赖性完全受到路径长度 k 的限制，它与图的规模只存在线性的依赖。事实上，在 $k \le c \ln m$（常数 $c>0$）的特殊情况下，ColorCoding 算法能够在多项式时间内解决最低成本的 k-路径问题！[①②]

3.2.10 再论 PPI 网络

像定理 3.3 这样的漂亮承诺当然很好，但 ColorCoding 算法在本节的"原动力"应用即在 PPI 网络中寻找长线性通路时会有什么样的实际表现呢？这个算法非常适合这个应用，因为路径长度 k 一般是 10～20。（如果存在明显更长的路径是很难进行解释的）使用 circa-2007 计算机，ColorCoding 算法的优化实现能够在数千个顶点的主要 PPI 网络中找到长度 $k = 20$ 的线性通路。这与穷举搜索（$k = 5$ 时就会失去实用价值）以及那个时候的竞争算法（当超出 $k = 10$ 的范围时就无能为力）相比是个巨大的进步。[③]

3.2.11 小测验 3.2～3.4 的答案

小测验 3.2 的答案

正确答案：（b）。大小不超过 10 的非空子集 $S \subseteq V$ 的数量是 10 的二项式系数之和 $\sum_{i=1}^{10} \binom{n}{i}$。把上面的第 i 个加数固定为 n^i 并把公式（2.9）应用于一个几何级数说明了这个和是 $O(n^{10})$。展开的最后一个二项式系数说明了它本身是

---

① 注意 $(2e)^{c \ln m} = m^{c \ln(2e)} \approx m^{1.693c}$，它相对于图的规模是多项式级别的。

② ColorCoding 算法是固定参数算法的一个例子。所谓固定参数算法，是指运行时间具有 $O(f(k) \cdot n^d)$ 的形式的算法，其中 n 表示输入规模，d 是个常数（独立于 k 和 n），k 是个衡量实例"难度"的参数。函数 f 必须与 n 独立，但可以与参数 k 存在任意的依赖性（一般为指数级或更差）。对于 k 相对于 n 足够小的所有实例，固定参数算法都能实现多项式的运行时间。

在 21 世纪，科学家们在理解 NP 问题以及固定参数算法的参数选择方面取得了巨大的进展。如果读者想在这方面进行深入的探索，可以参阅 Marek Cygan、Fedor V. Fomin、Łukasz Kowalik、Daniel Lokshtanov、Dániel Marx、Marcin Pilipczuk、Michał Pilipczuk 和 Saket Saurabh 的著作 *Parameterized Algorithms*（Springer，2015 年）。

③ 关于更多的细节，可以参阅论文 "Algorithm Engineering for Color-Coding with Applications to Signaling Pathway Detection"，作者 Falk Hüffner、Sebastian Wernicke 和 Thomas Zichner（*Algorithmica*，2008 年）。

$\Omega(n^{10})$。[①] 由于每个集合 S 的端点 v 最多有 10 个选择，因此子问题的总数是 $\Theta(n^{10})$。

小测验 3.3 的答案

正确答案：（a）。穷举搜索对不同的顶点的 $n \times (n-1) \times (n-2) \times \cdots \times (n-9) = \Theta(n^{10})$ 个有序 10 元组进行枚举，计算对应于一条路径的每个元组的成本（在 $O(1)$ 时间内，假设访问一个由边的成本所填充的邻接矩阵），并记住它所遇到的 10-路径中最优的那条路径。这个算法的运行时间是 $\Theta(n^{10})$。

小测验 3.4 的答案

正确答案：（d）。对 P 的顶点进行着色共有 k^k 种不同的方法（k 个顶点的每一个都有 k 种颜色选择），每种方法的可能性都差不多（每种方法的概率为 $1/k^k$）。这样的着色方法把 P 渲染为全色路径的概率有多大呢？接受颜色 1 的顶点选择共有 k 个，接受颜色 2 的顶点选择共有 $k-1$ 个，接下来依此类推，总共有 $k!$ 种着色方案。因此全色的概率是 $k!/k^k$。

3.3 问题特定的算法与万能魔盒

3.3.1 转化和万能魔盒

像 Bellman-Held-Karp（第 3.1.6 节）和 ColorCoding（第 3.2.8 节）这样的基本问题定制解决方案是令人极为满意的。但在投入精力设计或编写一种新的算法之前，我们应该问自己一个问题：这个问题是不是一个已经知道解决方法的问题的特殊情况或掩饰版本？

如果答案是"否"或者"是"，但更基本的问题的算法无法满足当前应用的需要"，我们就有理由继续进行问题特定的算法开发。

---

① 记住，大欧米伽记法类似与"大于或等于"。按照正式的说法，$f(n) = \Omega(g(n))$ 当且仅当存在一个常数 c，使得对于所有足够大的 n，都满足 $f(n) \geqslant c \cdot g(n)$。另外，$f(n) = \Theta(g(n))$ 当且仅当 $f(n) = O(g(n))$ 且 $f(n) = \Omega(g(n))$。

在"算法详解"系列图书中，我们看到过一些答案为"是"的问题。例如，中位数寻找问题可以转化为排序问题，所有顶点对的最短路径问题可以转化为单源最短路径问题，最长公共子序列问题是序列对齐问题（第 1.5.2 节）的一种特殊情况。这类转化是把可处理性从问题 B 扩展到另一个问题 A，如图 3.9 所示。

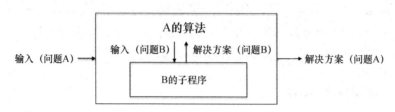

图 3.9　将可处理性从问题 B 扩展到问题 A

到目前为止，我们的转化目标是已经存在一种快速算法的问题 B。但是，即使并不知道如何有效地解决问题 B，把问题 A 转化为问题 B 仍然是极有帮助的。只要有人递给我们一个能够解决问题 B 的"魔盒"（例如一种神秘的软件），为了解决问题 A，我们可以很欢快地执行从问题 A 到问题 B 的转化，并根据需要调用这个"魔盒"。

3.3.2　MIP 和 SAT 解决程序

"魔盒"这个词看上去有点魔幻色彩，会让人想到独角兽或青春之泉。它是不是真的存在？第 3.4 节和第 3.5 节将描述两个最近似的存在，即混合整数规划（MIP）和可满足性（SAT）问题的解决程序。所谓"解决程序"，是指一种经过精心优化和专业实现的算法，是一种可以直接使用的软件。MIP 和 SAT 都是非常基本的问题，具有很强的表达能力，足以把"算法详解"系列图书描述的大多数问题都看成它们的一种特殊情况。

前沿的 MIP 和 SAT 的解决程序的身上倾注了过去数十年来无数人的精力和天赋。由于这个原因，在不牺牲通用性的前提下，这类解决程序可以半可靠地在可容忍的时间内解决中等规模的 NP 问题。解决程序的性能因问题本身（以及其他许多因素）而异，但是粗略地估计，我们可以指望对于数千的输入规模，它们能在一天之内解决问题，而且常常要快得多。在有些应用中，MIP 和 SAT 解决程序对于那些很大的实例（输入规模达到百万级）也是无理由地非常有效。

3.3.3 将要学习的和不会学习的

第 3.4 节和第 3.5 节的目标是比较合适的。它们并没有解释 MIP 和 SAT 解决程序的工作方式，要是介绍的话，恐怕需要整整一本书的篇幅。它们只是指导我们如何使用这两种解决程序。[①]

第 3.4 节 ~ 第 3.5 节的目标
1. 知道半可靠的"魔盒"即 MIP 和 SAT 解决程序的存在，可以在实践中无理由地解决 NP 问题。（并没有足够的程序员知道这些！）
2. 观察把 NP 问题转化为 MIP 和 SAT 问题的例子。
3. 知道在什么地方能够了解这方面的更多知识。

3.3.4 再论新手易犯的错误

MIP 和 SAT 解决程序常常能够解决难题，但我们不要因此误以为 NP 问题不会在实践中造成大麻烦（第 1.6 节的第 3 个新手错误）。把这样的解决程序应用于一个 NP 问题时，心中要默默祈祷，并准备好 B 计划（例如快速启发式算法），以应对解决程序失败的情况。不要犯错：会存在一些实例，包括那些规模相对较小的实例，可能会导致解决程序失效。对于 NP 问题，我们必须竭尽全力，尽可能地从半可靠的"魔盒"中榨取价值。

3.4 混合整数规划解决程序

大多数不同的优化问题可以看成混合整数规划（MIP）问题。当我们面临一

[①] 站在 3 万千米的高度，我们可以看到它们的基本思路是：通过深度优先的搜索，递归地在候选解决方案的空间中进行搜索，通过目前为止所收集的线索大胆地剪除一些尚未检查的候选者（例如那些目标函数值不太可能大于当前最优解决方案的候选者），并根据需要进行回溯。它的思路就是在不需要明确检查的情况下删除大多数的搜索空间。如果想更深入地探索这些思路，可以参阅"branch and bound"（关于 MIP 解决程序）和"conflict-driven clause learning"（关于 SAT 解决程序）。

个以优化为目标的 NP 问题并且可以把它有效地改编为 MIP 问题时，就值得抛出
最新、最优的 MIP 解决程序一试。

3.4.1　例子：背包问题

在背包问题（第 1.4.2 节）中，输入是由 $2n + 1$ 个正整数所指定的：n 个物品价值 v_1，v_2，$\cdots$，v_n；n 个物品大小 s_1，s_2，$\cdots$，s_n 和背包容量 C。例如：

	价值	大小
物品 1	6	5
物品 2	5	4
物品 3	4	3
物品 4	3	2
物品 5	2	1

背包容量：10

这个问题的目标是计算一个具有最大总价值的物品子集，它的总大小不能超过背包容量。因此，这个问题的规范说明了以下三件事情。

1. 需要做出的决策：对于 n 件物品中的每一件，是否要把它包含在子集中。对于每件物品均为二元决策的问题，以数值的方式对这些决策进行编码可以很方便地使用 0–1 变量，称为决策变量：

$$x_j = \begin{cases} 1 & \text{如果包含物品} j \\ 0 & \text{如果排除物品} j \end{cases} \tag{3.12}$$

2. 需要遵循的约束条件：被选中物品的大小之和不能超过背包容量 C。这个约束条件可以很方便地用决策变量来表示，如果物品 j 被包含（$x_j = 1$），它对总大小的贡献就是 s_j。如果它被排除，这个贡献值就是 0（$x_j = 0$）：

$$\underbrace{\sum_{j=1}^{n} s_j x_j}_{\text{被选中子集的总大小}} \leqslant C \tag{3.13}$$

3．目标函数：被选中物品的总价值应该尽可能地大（受到容量的限制）。这个目标函数同样很容易表达（如果被包含，贡献值为 v_j。如果被排除，贡献值为 0）：

$$\text{最大化} \quad \underbrace{\sum_{j=1}^{n} v_j x_j}_{\text{被选中子集的总大小}} \tag{3.14}$$

猜猜是什么情况？在式（3.12）～式（3.14）中，我们已经看到了整数规划的第 1 个例子。例如，在上面所描述的 5 物品实例中，这个整数规划可以看成：

$$\text{使 } 6x_1 + 5x_2 + 4x_3 + 3x_4 + 2x_5 \text{ 最大化} \tag{3.15}$$

$$\text{但受到 } 5x_1 + 4x_2 + 3x_3 + 2x_4 + x_5 \leqslant 10 \text{ 和} \tag{3.16}$$

$$x_1, x_2, x_3, x_4, x_5 \in \{0, 1\} \text{的约束} \tag{3.17}$$

这种类型的描述就是号称混合整数规划（MIP）解决程序的"魔盒"能够直接接受的输入。[①]例如，为了使用前沿的 MIP 解决程序 Gurobi Optimizer 解决式（3.15）～式（3.17）的整数规划问题，我们只需要在命令行用下面的输入文件来调用它：

```
maximize 6 x(1) + 5 x(2) + 4 x(3) + 3 x(4) + 2 x(5)
subject to
5 x(1) + 4 x(2) + 3 x(3) + 2 x(4) + x(5) <=10
binary
x(1) x(2) x(3) x(4) x(5)
end
```

这个解决程序能够神奇地输出最优解决方案（在此例中，$x_1 = 0$, $x_2 = x_3 = x_4 = x_5 = 1$，目标函数值是 14）。[②]

---

① 为什么出现"混合"这个词？因为这些解决程序能够接受取实数值的决策变量，并不一定是整数。有些作者把 MIP 称为整数线性规划（ILP）或简单地称为整数规划（IP）。还有一些作者保留 MIP 后面这个术语用于所有决策变量都是整数的情况。

决策变量不需要是整数的 MIP 称为线性规划（LP）。前沿的解决程序对于 LP 效果极佳，在解决一个 MIP 时常常能够解决数千个 LP。（与此关联的是，线性规划是多项式时间可解决的问题，而通用的混合整数规划则是 NP 问题。）

② 对于这个"玩具式"的例子，输入文件相当简单，手动输入也是没问题的。对于较大的实例，我们需要编写一个程序自动生成输入文件或直接与解决程序 API 进行交互。

3.4.2　更基本意义上的 MIP

一般而言，MIP 是由第 3.4.1 节所列出的 3 个部分所组成的：决策变量以及它们可以取的值（例如 0 或 1，或者任何整数，或者任何实数）、约束条件和目标函数。一个重要的限制就是约束条件和目标函数应该与决策变量呈线性关系。[①]换句话说，用一个常数对一个决策变量进行缩放是没有问题的，把决策变量相加也是没有问题的，但也仅限于此了。例如，在式（3.15）～式（3.17）中，我们不会看到任何像 x_j^2、$x_j x_k$、$\dfrac{1}{x_j}$，e^{x_j} 这样的项。[②]

问题：混合整数规划

输入：一个决策变量 x_1、x_2、$\cdots$、x_n（二进制值、整数或实数）列表；一个需要最大化或最小化的线性目标函数，由它的系数 c_1、c_2、$\cdots$、c_n 所指定；m 个线性约束条件，每个约束条件 i 由它的系数 a_{i1}、a_{i2}、$\cdots$、a_{in} 和右边的 b_i 所指定。

输出：x_1、x_2、$\cdots$、x_n 的一种赋值，使目标函数（$\sum_{j=1}^{n} c_j x_j$）在 m 个约束条件（对于所有的 $i = 1, 2, \cdots, m$，$\sum_{j=1}^{n} a_{ij} x_j \leqslant b_i$）下达到最优。（如果不存在任何赋值方案满足所有的约束条件，就如实报告。）

即使存在线性的限制，把 NP 优化问题表达为 MIP 也是出人意料的简单。例如，观察一个二维的背包问题，现在每件物品 j 除了价值 v_j 和大小 s_j 之外还有一个权重 w_j。除了背包容量 C 之外，还有一个权重限制 W。这个问题的目标是选择最大价值的物品子集，它的总大小不超过 C，总权重不超过 W。作为算法详解动态规划训练营的毕业生，读者在找出这个问题的算法时应该不会遇到太大的麻烦。但是我们不可能把它做到像把下面这个约束条件

$$\sum_{j=1}^{n} w_j x_j \leqslant W \tag{3.18}$$

[①] 因此，"MILP"（表示混合整数线性规划）这个术语要比"MIP"更为精确，尽管看上去更累赘一点。

[②] 前沿的解决程序能够接受有限类型的非线性（例如平方项），但一般情况下线性的约束条件和目标函数的速度要快得多。

添加到背包 MIP 式（3.12）～式（3.14）那么快速！

像最大权重独立子集（第 1.4.2 节）、最小完成工时（第 2.1 节）和最大覆盖（第 2.2 节）这样我们所熟悉的优化问题都很容易用 MIP 来表示（参见问题 3.9）。[①] MIP 也是前沿的 TSP（第 1.1.2 节）准确算法的基础，尽管这个应用要复杂得多（参见问题 3.10）。[②]

一个问题一般可以通过几种不同的方式表达为 MIP 问题，其中有些表达方式较之其他方式具有更好的解决程序性能（在有些情况下差距达到规模级）。如果我们首次使用一个 MIP 解决程序处理一个优化问题失败了，那么可以试试其他表达方式。和算法一样，良好的 MIP 表达方式的设计也需要实践，脚注②的资源可以帮助读者在这方面迈出第一步。

最后，如果不管怎么尝试，通过 MIP 解决程序完成任务所需要的时间都太长，可以在到达某个目标时间之后将其中断，然后使用此时所找到的最优可行方案。（与第 2.4 节～第 2.5 节的局部搜索算法相似，MIP 解决程序一般会不断地产生越来越好的解决方案。）提前终止可以有效地把 MIP 解决程序转变为一种快速的启发式算法。

3.4.3　MIP 解决程序的一些起点

既然我们已经准备好了把 MIP 解决程序应用于自己最喜欢的问题，那么我们应该从哪里着手呢？当本书写作之时（2020 年），商业和非商业的 MIP 解决程序之间的性能存在着巨大的差异。目前，Gurobi Optimizer 一般被认为是最快速、最健壮的 MIP 解决程序，它的竞争对手包括 CPLEX 和 FICO Xpress。大学生和教职人员可以获取这些解决程序的免费学院许可（仅用于研究和教学）。

如果读者坚持使用非商业的解决程序，那么 SCIP、CBC、MIPCL 和 GLPK

---

① 对于初学者，$\sum_{j=1}^{n} a_{ij}x_j \geqslant b_i$ 形式的约束条件可以用等价的约束条件 $\sum_{j=1}^{n} (-a_{ij})x_j \leqslant -b_i$ 来表示。相等约束条件 $\sum_{j=1}^{n} a_{ij}x_j = b_i$ 可以用一对不相等约束条件来表示。

② 关于更多的示例以及处理技巧，可以参阅第 3.4.3 节所列出的关于解决程序的（免费）文档，或参阅 H. Paul Williams 所著的教科书 *Model Building in Mathematical Programming*（Wiley，第 5 版，2003 年）。Dan Gusfield 的著作 *Integer Linear Programming in Computational and Systems Biology*（Cambridge，2019 年）中的示例偏向于生物领域的应用，但对于 MIP 新手而言也是非常有益的。

都可以做为很好的起点。CBC 和 MIPCL 与另两者相比具有更自由的许可，另两者仅对于非商业的用途免费。

我们可以对把问题表达为 MIP 的任务进行分离，用一种高级的、独立于具体的解决程序的建模语言（例如基于 Python 的 CVXPY）来指定 MIP，并将其描述为一种特定的解决程序。这样，我们可以很方便地用该语言所支持的所有解决程序来进行试验，因为我们的高级规范可以自动编译为解决程序所期望的格式。

3.5　可满足性解决程序

在许多应用中，我们的主要目标是推断是否存在一个可行的解决方案（如果存在，就找出这样的解决方案），而不是对一个数值目标函数进行优化。这种类型的问题常常可以用可满足性（SAT）问题来表达。当我们面临一个可以有效地表达为 SAT 问题的 NP 问题时，可以抛出最新、最好的 SAT 解决程序，它是非常值得一试的。

3.5.1　示例：图形着色

在 19 世纪就得到了广泛研究的、历史非常悠久的图形问题之一就是图形着色问题。无向图 $G = (V, E)$ 的 k-着色是为它的每个顶点 $v \in V$ 分配 $\{1, 2, \cdots, k\}$ 中的一种颜色，使所有的边都不是单色的（即对于每条边 $(v, w) \in E$，均满足 $\sigma(v) \neq \sigma(w)$）。[1]具有 k-着色的图形就称为 k 可着色的。[2]例如，具有 6 根辐条的轮胎图形就是 3 可着色的，而具有 5 根辐条的轮胎图形是非 3 可着色的（可以进行验证），如图 3.10 所示。

---

[1]　ColorCoding 算法（第 3.2.8 节）使用了随机着色，它一般是非 k 可着色的。这种算法可以在内部做为实现更快运行时间的工具。本节所讨论的问题明确是与 k-着色有关的。

[2]　图形理论中最著名的结论就是 "四色定理"，表示每个平面图（可以在一张纸上绘制的不存在任何交叉边的图形）都可以用 4 种颜色来着色。换种等价的说法，地图只需要 4 种颜色就可以保证每一对相邻的国家都用不同的颜色表示（假设每个国家都位于相连的区域中，即不存在飞地）。

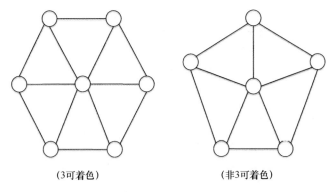

（3可着色）　　　　　　　　　　　（非3可着色）

图 3.10　图形可着色问题

问题：图形着色

输入：无向图 $G = (V, E)$ 和正整数 k。

输出：G 的一种 k-着色方案，或正确地声明 G 无法实现 k-着色。

图形着色问题并不是纯粹的娱乐问题。例如，把班级分配给 k 个教室之一的问题就是一种图形着色问题（一个顶点表示一个班级，一对班级之间的边表示时间重叠）。关于图形着色问题的一种高风险应用，可以参考第 6 章。

3.5.2　可满足性

图形着色问题具有两个性质：非数值性和基于规则的。它们提示了这类问题的决策变量和约束条件使用的是逻辑而不是算术。我们并不使用数值决策变量，而是使用布尔变量，它只能取真值或假值。真值指派（truth assignment）规定每个变量只能取这两个值之一。约束条件又称子句，就是在允许的真值指派上表达限制的逻辑公式。一种看上去很简单的约束类型称为文字析取式（literal disjunction），它只使用了逻辑"或"（用∨表示）和逻辑"非"（用¬表示）操作。[①]例如，$x_1 \lor \neg x_2 \lor x_3$ 这个约束条件就是文字析取式，只有在它的全部 3 个赋值请求都不满足的情况下（把 x_1 和 x_3 设置为假，把 x_2 设置为真）才不成立：

---

① "文字"表示一个决策变量 x_i 或它的反值 $\neg x_i$，而"析取"表示逻辑"或"。

x_1 的值	x_2 的值	x_3 的值	$x_1 \lor \neg x_2 \lor x_3$ 是否满足？
真	真	真	是
真	真	假	是
真	假	真	是
假	真	真	是
真	假	假	是
假	真	假	否
假	假	真	是
假	假	假	是

　　一般而言，文字析取式是一种慵懒随意的存在：对于 k 个文字，每个文字对应于一个不同的决策变量，在 2^k 种方式中禁止且只禁止 1 种变量赋值方式。

　　可满足性（SAT）的实例是由它的变量（限制为布尔值）和约束条件（限制为文字析取式）所指定的。

问题：可满足性

输入：一个布尔决策变量列表 x_1、x_2、…、x_n；一个约束条件列表，每个约束条件都是一个或多个文字的析取式。

输出：x_1、x_2、…、x_n 的一组真值指派，能够满足每个约束条件，或者正确地声明不存在这样的真值指派。

3.5.3　把图形着色问题表达为 SAT

　　SAT 问题仅通过布尔变量和文字析取式进行表达，它们的表达能力是否足够应对其他有趣的问题呢？例如，在图形着色问题中，在理想情况下我们用一个（非布尔的）决策变量表示每个顶点，每个变量取 k 个不同的值之一（每个值表示一种不同的颜色）。

只要通过少量的实践，我们就可以把很多问题表达为 SAT。[①②]例如，为了把一个图形着色问题的实例用图 $G = (V, E)$ 和整数 k 来表示，我们可以对每个顶点使用 k 个变量。对于每个顶点 $v \in V$ 和颜色 $i \in \{1, 2, \cdots, k\}$，布尔变量 x_{vi} 指定了顶点 v 是否分配了颜色 i。

那么约束条件呢？对于边 $(v, w) \in E$ 和颜色 i，这个约束条件为：

$$\neg x_{vi} \vee \neg x_{wi} \tag{3.19}$$

当 v 和 w 都被着色为 i 时就没有满足。式（3.19）的 $|E| \cdot k$ 个约束条件共同保证了所有的边都不是单色的。

离目标还差一点，因为式（3.19）形式的所有约束条件对于全假的真值指派（对应于所有的顶点都没有接受任何颜色）也是满足的。但我们可以增加一个约束条件：

$$x_{v1} \vee x_{v2} \vee \cdots \vee x_{vk} \tag{3.20}$$

当所有的顶点 $v \in V$ 都没有接受任何颜色时，就无法满足这个约束条件。

G 的每种 k-着色方案可以转换为一组满足所有约束条件的真值指派。反过来说，满足所有约束条件的每组真值指派都可以表达为 G 的一个或多个 k-着色方案。[③]

式（3.19）和式（3.20）所定义的约束条件系统正是可以直接输入到称为可满足性（SAT）解决程序的"魔盒"的描述类型。例如，为了使用一种流行的开源 SAT 解决程序 MiniSAT 检查一个 3 顶点的完全图是否为 2-可着色的，我们只需要从命令行调用这个程序，并提供下面的输入文件：

---

① 对于许多例子，包括硬件和软件验证的经典应用，参见 Armin Biere、Marijn Heule、Hans van Maaren 和 Toby Walsh 编著的 *Handbook of Satisfiability*（IOS Press，2009 年）。或者，如果读者关注 Donald E. Knuth 在这方面的最新进展，可以参阅 *The Art of Computer Programming*（Addison-Wesley，2015）第 4 卷的 *Satisfiability, Fascicle 6*。另一个有趣的事实：SAT 解决程序最近用于破解曾经极为安全的加密散列函数 SHA-1，详见 Marc Stevens、Elie Bursztein、Pierre Karpman、Ange Albertini 和 Yarik Markov 的论文 "The First Collision for Full SHA-1"（*Proceedings of the 37th CRYPTO Conference*，2017 年）。

② 事实上，Cook-Levin 定理（定理 4.1 和定理 5.1）说明了 SAT 是一个准确意义上的"普遍"问题。参见第 5.6.3 节。

③ 约束条件式（3.20）允许顶点接受多种颜色，但约束条件式（3.19）保证了分配颜色的每种方法都产生 G 的一种 k-着色方案。

```
p cnf 6 9
1 4 0
2 5 0
3 6 0
-1 -2 0
-4 -5 0
-1 -3 0
-4 -6 0
-2 -3 0
-5 -6 0
```

这个解决程序能够非常神奇地生成一个（正确的）声明，表示没有办法满足这些约束条件。[1]

3.5.4　SAT 解决程序：一些起点

在本书写作的时候（2020 年），世面上存在大量免费的、优秀的 SAT 解决程序。事实上，至少每两年 1 次，全世界范围内的 SAT 爱好者会聚集在一起，就最新、最优秀的解决程序举行类似奥林匹克风格的竞赛（竞争奖牌），每个解决程序都会根据一定范围的高难度基准实例进行评估。每次竞赛都会提交数十个作品，大多数是开源的。如果读者想要一个推荐，那么可以试试 MiniSAT，它结合了高性能和易用性，并且具有宽容的许可（MIT 许可），是一种流行的选择。[2]

3.6　本章要点

- 通过穷举搜索解决 TSP 所需要的时间与 $n!$ 成正比，其中 n 表示顶点的数量。

---

[1] 文件的第 1 行告诉解决程序，这个 SAT 实例具有 6 个决策变量和 9 个约束条件。cnf 表示"合取范式"，表示每个约束条件是一个文字析取式。1 和 6 之间的数表示变量，"-"表示取反。前 3 个和后 3 个变量分别对应于第 1 种颜色和第 2 种颜色。前 3 个和后 6 个约束条件分别采用了式（3.20）和式（3.19）的形式。零标志着约束条件的结束。

[2] 为了把自己的 SAT 水平提高到下一层次，可以查阅"satisfiability modulo theories (SMT)"，例如 Microsoft 的 z3 解决程序（根据 MIT 许可，也是可以免费使用的）。

- Bellman-Held-Karp 动态规划算法能够在 $O(n^2 2^n)$ 时间内解决 TSP。

- Bellman-Held-Karp 算法的关键思路是对子问题进行参数化，由每个顶点正好只访问 1 次的顶点子集和应该最后一个访问的顶点所组成。

- 在最低成本的 k-路径问题中，输入是一个具有实数边成本的无向图，其目标是计算一条访问 k 个顶点的无环路径，并且具有最低的边成本。

- 通过穷举搜索解决最低成本 k-路径问题所需要的时间与 n^k 成正比，其中 n 表示顶点的数量。

- 颜色编码算法可以在 $O\left(2e^k \times m \times \ln\left(\dfrac{1}{\delta}\right)\right)$ 时间内解决最低成本的 k-路径问题，其中 m 表示边的数量，δ 是用户指定的失败概率。

- 颜色编码算法的第 1 个关键思路是动态规划子程序，在把 k 种颜色分配给输入图的每个顶点的情况下，在 $O(2^k m)$ 时间内计算一条最低成本的全色路径。

- 第 2 个关键思路是用 $O\left(e^k \ln\dfrac{1}{\delta}\right)$ 次独立且统一随机的顶点着色进行试验，能够在概率至少为 $1-\delta$ 的情况下找到至少一条被渲染为最低成本的全色 k-路径。

- 混合整数规划（MIP）是由数值决策变量、线性约束条件和一个线性目标函数所指定的。

- 大多数不同的优化问题可以表达为 MIP 问题。

- 可满足性（SAT）问题的实例是由布尔变量和作为文字析取式的约束条件所指定的。

- 大多数可行性检查问题可以表达为 SAT 问题。

- 前沿的 MIP 和 SAT 解决程序可以半可靠地解决中等规模的 NP 问题实例。

3.7　章末习题

问题 3.1（S）TSP 的 Bellman-Held-Karp 算法（第 3.1.6 节）是不是否定了 P≠NP 猜想？（选择所有正确的答案。）

（a）是的，确实如此。

（b）不是。TSP 存在一种多项式时间的算法并没有否定 P≠NP 猜想。

（c）不是。因为这个算法使用了指数级（按照输入规模）数量的子问题，它并不总是能够在多项式时间内运行。

（d）不是。因为这个算法可能需要执行指数级的工作来解决一个子问题，它并不总是能够在多项式时间内运行。

（e）不是。因为这个算法可能需要执行指数级的工作来从它的子问题的解决方案中提取最终的解决方案，它并不总是能够在多项式时间内运行。

问题 3.2（S）对于小测验 2.7 的 TSP 输入，第 3.1.6 节的 Bellman-Held-Karp 算法所产生的最终子问题数组项是什么呢？

问题 3.3（S）观察下面的 TSP 实例 $G = (V, E)$ 的子问题：

子问题（尝试）
计算 $C_{i,v}$，即从顶点 1 开始，在顶点 v 结束并正好访问 i 个顶点的一条无环路径的最低成本（如果不存在这样的路径，就返回 $+\infty$）。 （对于每个 $i \in \{2, 3, \cdots, |V|\}$ 和 $v \in V - \{1\}$。）

妨碍我们使用这些子问题（用 i 来衡量子问题的大小）来为 TSP 设计了一种多项式时间的动态规划算法的原因是什么？（选择所有合适的答案。）

（a）子问题的数量相对于输入规模是超过多项式数量的。

（b）无法轻松地根据更小子问题的最优解决方案计算出更大子问题的最优解决方案。

（c）无法轻松地根据所有子问题的最优解决方案计算出最优路线。

（d）没有妨碍！

问题 3.4（S）下面哪些 n 个顶点的图问题只要对 Bellman-Held-Karp 算法进行少量的修改就可以在 $O(n^2 2^n)$ 的时间内解决？（选择所有合适的答案。）

（a）对于一个 n 个顶点的无向图，判断它是否包含了一条汉密尔顿路径（具有 $n-1$ 条边的无环路径）。

（b）对于一个 n 个顶点的有向图，判断它是否包含了一条有向汉密尔顿路径（具有 $n-1$ 条边的无环有向路径）。

（c）对于一个完全无向图并且每条边具有实数值的成本，计算一条旅行商路线的最大成本。

（d）对于一个 n 个顶点的有向完全图［所有 $n(n-1)$ 条边都存在］并且每条边具有实数值的成本，计算一条有向的旅行商路线（正好每个顶点访问 1 次的有向环路）的最低成本。

（e）第 1.5.4 节所定义的无环最短路径问题。

问题 3.5（S）对于图 3.11 所示的示例，第 3.2.5 节的 PanchromaticPath 算法所生成的最终子问题的数组项是什么？

问题 3.6（H）实现一个后处理步骤，根据 Bellman-Held-Karp 算法所计算的子问题数组重建一条最低成本的旅行商路线。如果在 Bellman-Held-Karp 算法中增加一些额外的辅助操作，能否实现线性运行时间（相对于顶点数量）？

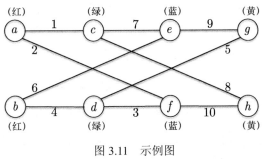

图 3.11　示例图

问题 3.7（H）实现一个后处理步骤，根据 PanchromaticPath 算法所计算的子问题数组重建一条最低成本的全色路径。如果在 PanchromaticPath 算法中增加一些额外的辅助操作，能否实现线性运行时间（相对于颜色数量）？

3.7.1　挑战题

问题 3.8　（H）对 TSP 的 Bellman-Held-Karp 算法（第 3.1.6 节）进行优化，对于 n 个顶点的实例，它的内存需求从 $O(n \cdot 2^n)$ 降低到 $O(\sqrt{n} \cdot 2^n)$。（只负责计算一条路线的最低成本，而不是最优路线本身。）

问题 3.9　（S）说明如何把下面这些问题的实例表达为混合整数问题。

（a）最大权重独立子集（第 1.4.2 节）。

（b）完成工时最小化（第 2.1.1 节）。

（c）最大覆盖（第 2.2.1 节）。

问题 3.10　（H）对于一个顶点集 $V = \{1, 2, \cdots, n\}$ 和边成本 c 的 TSP 实例 G，观察下面这个 MIP：

$$\text{使} \sum_{i=1}^{n}\sum_{j\neq i}c_{ij}x_{ij} \text{ 最小化} \tag{3.21}$$

$$\text{受到的约束为} \sum_{j\neq i}x_{ij}=1 \text{ 【对于每个顶点 } i\text{】} \tag{3.22}$$

$$\sum_{j\neq i}x_{ji}=1 \text{ 【对于每个顶点 } i\text{】} \tag{3.23}$$

$$x_{ij}\in\{0,1\} \text{ 【对于每对 } i\neq j\text{】} \tag{3.24}$$

这个问题的意图是把一条旅行商路线（取两个可能的方向之一）表述为当且仅当这条路线在访问了 i 之后马上访问 j 时 x_{ij} 等于 1。约束条件式（3.22）～式（3.23）使路线中的每个顶点正好只有一个直接前驱顶点和直接后继顶点。

（a）证明对于每个 TSP 实例 G 以及 G 的旅行商路线，存在具有相同目标函数值的对应 MIP 式（3.21）～式（3.24）的一个可行解决方案。

（b）证明存在一个 TSP 实例 G 以及对应的 MIP 式（3.21）～式（3.24）的一个可行解决方案。这个 MIP 的目标函数值严格小于 G 的一条旅行商路线的最低成本。（因此，这个 MIP 除了旅行商路线之外还有虚假的可行解决方案，并没有正确地表达这个 TSP。）

（c）假设增加了下面这些额外的约束条件：

$$y_{1j} = (n-1)\,x_{1j} \text{【对于所有的 } j \in V - \{1\} \text{】} \tag{3.25}$$

$$y_{ij} \leqslant (n-1)\,x_{ij} \text{【对于所有的 } i \neq j \text{】} \tag{3.26}$$

$$\sum_{j \neq i} y_{ji} - \sum_{j \neq i} y_{ij} = 1 \text{【对于所有的 } j \in V - \{1\} \text{】} \tag{3.27}$$

$$y_{ij} \in \{0, 1, \cdots, n-1\} \text{【对于所有的 } i \neq j \text{】} \tag{3.28}$$

其中 y_{ij} 是额外的决策变量。

对于扩展后的 MIP 式（3.21）～式（3.28），重新证明（a）。

（d）证明对于每个 TSP 实例 G，对应的扩展 MIP 式（3.21）～式（3.28）的每个可行解决方案可以转换为 G 的一条具有相同目标函数值的旅行商路线。（从而证明扩展后的 MIP 能够正确地表达这个 TSP。）[①]

问题 3.11（H）说明如何把一个可满足性问题的实例表达为一个混合整数规划的实例。

问题 3.12（H）对于正整数 k，k-SAT 问题是 SAT 问题的一种特殊情况，其中每个约束条件最多具有 k 个文字。说明 2-SAT 问题可以在 $O(m + n)$ 的时间内解决，其中 m 和 n 分别表示约束条件和变量的数量。（可以假设输入是用一个文字数组和一个约束条件数组表示的，通过指针从每个约束条件指向它的文字，从每个文字指向包含它的约束条件。）[②]

问题 3.13（H）另外，3-SAT 问题是 NP 问题（定理 4.1）。但是我们至少可以比对 n 个决策变量的 2^n 种可能的真值指派进行列举的穷举搜索做得更好。下

---

① 继续增加约束条件，虽然对于正确性而言并无必要，但可以向 MIP 解决程序提供更多的线索，从而明显加快它的速度。例如，在扩展后的 MIP 式（3.21）～式（3.28）中添加（逻辑上冗余的）不等式 $x_{ij} + x_{ji} \leqslant 1$（对于所有的 $i \neq j$）一般可以减小解决这个问题所需要的时间。专门针对 TSP 进行了裁剪的前沿 MIP 解决程序例如 Concorde TSP 解决程序，通过指数级数量的额外不等式（根据需要采用惰式的方式生成）计算解决方案。（关于这方面的更多信息，可以参阅关于 TSP 的 "subtour relaxation"。）

② 第 3.5.3 节的可满足性规划可以看成从 k-着色问题到 k-SAT 问题的一种转化。通过这种规划，这个问题的 2-SAT 算法转换为一种检查一个图是否为 2-可着色的线性时间的算法。（2-可着色的图又称为 "二分图"）另外，2-可着色性可以使用宽度优先的搜索直接在线性时间内完成。

面是一种随机化的算法，对试验次数 T 进行参数化。

Schöning 算法

输入：3-SAT 的一个 n 变量实例，和一个失败概率 $\delta \in (0, 1)$。

输出：至少有 $1-\delta$ 的概率，要么输出一个满足所有约束条件的真值指派，要么正确地说明不存在这样的真值指派。

```
ta := 长度为 n 的布尔数组              // 真值指派
for t = 1 to T do                     // T 次独立的试验
    for i = 1 to n do                 // 随机的初始分配
        ta[i] := "真" 或 "假"         // 各有 50% 的概率
    for k = 1 to n do                 // n 次局部修改
        if  ta 满足所有的约束条件 then  // 完成！
            return ta
        else                          // 修正一个被违反的约束条件
            选择一个任意的被违反的约束条件 C
            选择 C 中的变量 x_i，按照统一的随机方式选择
            ta[i] := ¬ta[i]           // 取它的反值
return "没有解决方案"                  // 放弃搜索
```

（a）证明当没有任何真值指派满足特定 3-SAT 实例的所有约束条件时，Schöning 算法返回"没有解决方案"。

（b）在本段以及接下来的三段内容中，把注意力限制在可满足的真值指派（即满足所有约束条件的真值指派）的输入上。设 p 表示 Schöning 算法的最外层 for 循环的一次迭代发现一组可满足的真值指派的概率。证明在经过 $T = \dfrac{1}{p} \ln \dfrac{1}{\delta}$ 次的独立随机试验后，Schöning 算法至少有 $1-\delta$ 的概率找到一组可满足的真值指派。

（c）在本段以及接下来一段内容中，设 ta^* 表示特定的 3-SAT 实例的一组可满足的真值指派。证明 Schöning 算法在它的内层循环中所进行的每次变量取反至少有 3 分之 1 的机会增加在 ta 和 ta^* 中具有相同值的变量的数量。

（d）证明一组以统一随机方式产生的真值指派与 ta^* 在 $n/2$ 的变量上达到一致的概率至少能达到 50%。

（e）证明（b）所定义的概率 p 至少是 $1/(2 \times 3^{n/2})$。因此，当试验次数 $T = 2 \times 3^{n/2}$

$\ln\dfrac{1}{\delta}$ 时，Schöning 算法至少有 $1-\delta$ 的概率返回一组可满足的真值指派。

（f）证明存在一种随机化的算法，能够在 $O((1.74)^n \ln\dfrac{1}{\delta})$ 时间内解决 3-SAT 问题（失败概率不超过 δ）。这是指数级的运行时间，但比穷举搜索要快得多。[①]

3.7.2 编程题

问题 3.14 用自己最喜欢的编程语言实现 TSP 的 Bellman-Held-Karp 算法（第 3.1.6 节）。和问题 2.15 一样，对那些边成本独立选择的实例或统一随机地从 { 1, 2,…, 100 } 中选择的实例尝试自己的实现方法。或者，对独立选择的顶点以及在某个单位平方内统一随机选择的顶点（边的成本等于欧几里得距离）的实例进行试验。在一分钟之内，这个实现能够可靠处理的输入规模（即多少个顶点）有多大？在一小时内又有多大？最大瓶颈是时间还是内存呢？如果实现了问题 3.8 的优化，会不会有所帮助？（关于测试用例和挑战数据集，可以参考 algorithmsilluminated 网站。）

问题 3.15 在问题 3.14 所试验的相同类型的 TSP 实例上试验一个或多个 MIP 解决程序，可使用问题 3.10 的 MIP 规划。这个解决程序在一分钟之内能够可靠处理的输入规模有多大？一小时之内又有多大？结果在不同的解决程序中有多大的差异？如果增加了第 135 页的脚注①的那些额外不等式，是不是有所帮助？（关于测试用例和挑战数据集，可以参考 algorithmsilluminated 网站。）

---

① 这个算法是由 Uwe Schöning 所提出的。他的论文"A Probabilistic Algorithm for k -SAT Based on Limited Local Search and Restart"（*Algorithmica*，2002 年）通过更加仔细的分析，并把算法和分析扩展到所有 k 的 k-SAT 问题，实现了 n 个变量的实例的运行时间上界为 $O((1.34)^n \ln\dfrac{1}{\delta})$（指数级运行时间的底数从约为 $\dfrac{4}{3}$ 增加到约为 $2-\dfrac{2}{k}$）。在此之后他开发了一些稍微更快的算法（都是随机化和确定性的），但没有一种算法的运行时间能够达到 $O((1.3)^n)$。

第 5.5 节描述了"指数级时间假设（ETH）"和"强指数级时间假设（SETH）"，它们都假设 Schöning 算法的缺陷是所有 k-SAT 算法所共有的。ETH 是 P≠NP 猜想的更大胆形式，表示解决 3-SAT 问题需要指数级的时间，因此 Schöning 算法唯一能够实现的改进就是指数的底数。SETH 表示当 k 变得很大时，k-SAT 算法的指数级运行时间的底数必然下降到 2。

第 4 章 ⊂

证明 NP 问题

在第 2 章和第 3 章中，我们在自己的算法工具箱中增加了处理 NP 问题的算法，包括快速的启发式算法和优于穷举搜索的准确算法。我们怎么才能知道什么时候必须求助于这类工具箱呢？如果老板递给我们一个计算问题，并表示这是个 NP 问题 ，那当然没有问题。但是，如果我们自己就是老板呢？有待处理的问题时并不会大摇大摆地炫耀自己的计算状态。为了识别 NP 问题，需要我们有第 3 层次的专业水平，还需要有训练有素的眼光。本章将提供这方面的训练，首先从一个简单的 NP 问题（3-SAT）开始，并通过对 18 个转化的学习，最终得到 19 个 NP 问题的列表，包括本书前面所研究的所有问题。我们可以使用这个列表作为证明 NP 问题的起点，并把这些转化作为自己可以使用的模板。

4.1 再论转化

那么，什么是 NP 问题呢？在第 1.3.7 节，我们把 NP 问题临时定义为如果它存在一种多项式时间的算法，就会否定 P≠NP 猜想，而后者又可以非正式地描述为一个断言，表示对一个问题（例如数独填充题）的解决方案进行检查要比从头设计这个问题的解决方案要容易得多。（第 5 章将对这个猜想进行百分之百严格的定义。）如果能够否定 P≠NP 猜想，那么立刻就能解决数以千计的难题，也包含本书所研究的几乎所有问题。但是，这些问题在过去数十年里是无数天才绞尽脑汁也无法解决的。因此，NP 问题是一种强证据（如果还不能构成闭环证明）。清楚地说明一个问题在本质上是非常困难的，必须进行第 2 章和第 3 章所描述的妥协。

为了应用 NP 问题的理论，实际上我们并不需要理解任何新奇的数学定义。这也是这个理论被广泛采纳的原因之一，包括在工程领域、生命科学领域和社会科学领域。[①]应用 NP 问题理论的唯一先决条件就是理解转化的概念，而这是我们已经掌握的（第 1.5.1 节），转化的概念可通过图 4.1 进行理解。

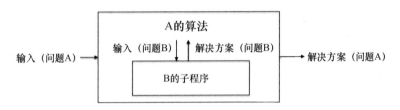

图 4.1　将可处理性从问题 B 扩展到问题 A

按照正式的说法，如果问题 A 可以通过对解决问题 B 的子程序进行多项式数量（相对于输入规模）的调用，再加上多项式时间的额外工作量（除了子程序调用）予以解决，那么问题 A 就可以转化为问题 B。我们已经看到过一些转化的例子，它们把易处理性从一个问题（B）扩展到另一个问题（A）：如果问题 A 可以转化为问题 B，那么问题 B 的一种多项式时间的算法可以自动生成一种解决问题 A 的算法（简单地进行转化，根据需要调用问题 B 的假定子程序）。

NP 问题的证明则采用了相反的思路，它把转化用于一种"邪恶"的用途，就是把难处理性从一个问题扩展到另一个问题（与易处理性的扩展方向相反），如图 4.2 所示。

如果一个 NP 问题 A 可以转化为问题 B，且问题 B 的任何多项式时间的算法可以自动为问题 A 也生成一个类似的算法，那么就否定了 P≠NP 猜想。也就是说，问题 B 本身肯定也是个 NP 问题。

因此，如何证明一个问题是 NP 问题呢？只要简单地采取下面的两步骤方案。

① 为了明白我的意思，可以在自己最喜欢的学术数据库中搜索 "NP-hard" 或 "NP-complete"，看看能搜出多少结果。

图 4.2 把难处理性从问题 A 扩展到问题 B

如何证明一个问题是 NP 问题

为了证明问题 B 是 NP 问题:

1. 选择一个 NP 问题 A。

2. 证明问题 A 可以转化为问题 B。

本章的剩余部分将继续充实我们的 NP 问题库 (即第 1 个步骤中 A 的选择)，并训练我们的转化技巧 (实现第 2 个步骤)。一个典型的 NP 问题 B 可以在第 1 个步骤中从任意数量的已知 NP 问题 A 中选择其一来证明是自己是 NP 问题。

问题 A 与问题 B 的相似度越高，第 2 个步骤的细节也就越简单。例如，在第 1.5.4 节的转化中，从有向汉密尔顿路径问题到无环最短路径问题的转化相对较为简单，因为这两个问题是较为相似的。

4.2 3-SAT 问题和 Cook-Levin 定理

每次应用上面的两步骤方案时，都是用一个旧的 NP 问题来确认一个新的 NP 问题。数千次应用这个方案就会产生数千个 NP 问题。但是，这个过程最先是从哪里开始的呢？我们先观察计算机科学史上最著名和最重要的结论之一：Cook-Levin 定理，它从头证明了看上去很朴实的 3-SAT 问题是 NP 问题。[①]

---

① 大约在 1971 年由 Stephen A. Cook 和 Leonid Levin 独立证明的，但是 Levin 的成果经过一段时间才被西方广泛认可。他们都提出了许多更基本的问题都是 NP 问题的可能性。这个预言是由 Richard M. Karp 于 1972 年证实的，他通过两步骤方案证明了很多不同的出乎意料的臭名昭著的问题都是 NP 问题，从而证明了 NP 问题的威力和范围。Karp 的工作清楚地说明了 NP 问题是在许多不同的方向妨碍算法取得进展的基本障碍。他的 21 个 NP 问题的原始列表包括了本章所研究的大多数问题。

Cook 和 Karp 分别于 1982 年和 1985 年获得了 ACM 图灵奖，ACM 图灵奖相当于计算机科学界的诺贝尔奖。Levin 于 2012 年被授予 Knuth 奖，Knuth 奖是计算机理论科学的终身成就奖。

定理 4.1（Cook-Levin 定理） 3-SAT 问题是 NP 问题。

3-SAT 问题（在问题 3.13 所介绍）是 SAT 问题（第 3.5 节）的一种特殊情况，它的每个约束条件是不超过 3 个文字的析取式。[①②]

问题：3-SAT

输入：一个布尔决策变量列表 $x_1, x_2, \cdots, x_n$；一个约束条件列表，每个约束条件是不超过 3 个文字的析取式。

输出：$x_1, x_2, \cdots, x_n$ 的一组满足每个约束条件的真值指派，或正确地说明不存在这样的真值指派。

例如，下面这 8 个约束条件是没有办法全部满足的：

$$x_1 \lor x_2 \lor x_3 \qquad x_1 \lor \lnot x_2 \lor x_3 \qquad \lnot x_1 \lor \lnot x_2 \lor x_3 \qquad x_1 \lor \lnot x_2 \lor \lnot x_3$$

$$\lnot x_1 \lor x_2 \lor x_3 \qquad x_1 \lor x_2 \lor \lnot x_3 \qquad \lnot x_1 \lor x_2 \lor \lnot x_3 \qquad \lnot x_1 \lor \lnot x_2 \lor \lnot x_3$$

因为它们中的每一个都排除了 8 组可能的真值指派之一。如果删除某个约束条件，就会留下一组真值指派满足其他 7 个约束条件。具有和不具有可满足真值指派的 3-SAT 实例分别称为可满足的 3-SAT 实例和不可满足的 3-SAT 实例。

3-SAT 问题在 NP 问题的理论中占据了核心位置，不仅因为历史原因，也因为这个问题在表达性和简单性之间实现了良好的平衡。时至今日，3-SAT 问题仍然是 NP 问题证明中已知 NP 问题的最常见选择（也就是两步骤方案中的问题 A）。

在本章，我们将恪守 Cook-Levin 定理。站在这些巨人的肩膀上，我们假设一个问题（3-SAT）是 NP 问题，然后通过转化生成其他 18 个 NP 问题。第 5.3.5 节描述了 Cook-Levin 定理的证明背后的高层思路，并提供了学习更多相关知识的指南。[③]

---

① 为什么是 3？因为这是成为 NP 问题的 k-SAT 问题的最小 k 值（参见问题 3.12）。

② Cook-Levin 定理和 SAT 解决程序的瞩目成就（第 3.5 节）并不存在冲突。SAT 解决程序只是半可靠的，能够在合理的时间内解决部分但不是所有的 SAT 实例。它们并没有证明 SAT 是多项式时间内可解决的问题，因此并没有否定 P≠NP 猜想！

③ 这个证明值得一读，但是几乎没人能够记得它冷冰冰的细节。大多数计算机科学家满足于讲授 Cook-Levin 定理，和我们在本章中的做法一样把它（以及其他 NP 问题）做为证明某些问题是 NP 问题的工具。

4.3　整体思路

我们需要整理大量的问题，并了解它们之间的大量转化。下面我们有组织地对它们进行学习。

4.3.1　再论新手易犯的错误

作为算法设计师，我们已经熟悉了把易处理性从一个问题扩展到另一个问题的正面转化。从相反的方向对难处理性进行扩展是一种负面转化。由于这个原因，存在一个压倒一切的诱惑驱使我们在错误的方向设计转化（也就是第 1.6 节所讨论的第 5 条新手易犯的错误）。

小测验 4.1

第 3.4 节证明了背包问题可以转化为混合整数规划（MIP）问题。这意味着什么？（选择所有正确的答案。）

（a）如果 MIP 问题是 NP 问题，那么背包问题也是 NP 问题。

（b）如果背包问题是 NP 问题，那么 MIP 问题也是 NP 问题。

（c）半可靠的 MIP 解决程序可以转换为背包问题的半可靠算法。

（d）背包问题的半可靠算法可以转换为 MIP 问题的半可靠解决程序。

（关于正确答案和详细解释，参见第 4.3.4 节。）

4.3.2　18 个转化

图 4.3 对 18 个转化进行了总结，在承认 Cook-Levin 定理的前提下，说明了图中的全部 19 个问题都是 NP 问题。[①]

---

① 有些问题的难度更大，第 5 章将对其进行解释。几乎所有这些问题的"搜索版本"都是"NP 完全问题"，因此它们可以同时用这两个术语来表示。"NP 问题"和"NP 完全问题"之间的区别对于算法设计师来说并不是很重要：不管哪种，问题都不是多项式时间内可以解决的（假设 P≠NP 猜想是正确的）。

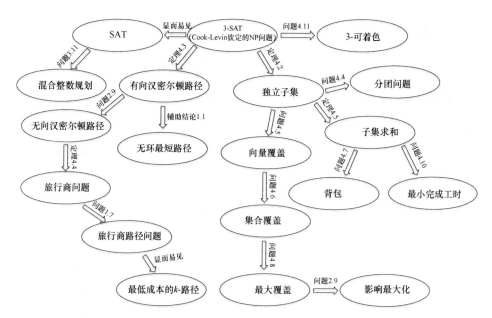

图 4.3　18 个转化和 19 个 NP 问题。问题 A 到问题 B 的箭头表示 A 可以转化为 B。
计算上的难处理性按照转化的方向进行扩展，从 3-SAT 问题
（Cook-Levin 定理钦定的 NP 问题）扩展到其他 18 个问题

其中有 6 个转化是显而易见的，或者在本书的前几章中已经出现过。

我们已经看到过的转化

1. 3-SAT 问题是基本的 SAT 问题的一种特殊情况，因此转化为后者是非常简单的。

2. 旅行商路径问题（第 1.8.1 节的问题 1.7）可以简单地转化为最低成本的 k-路径问题，因为前者是后者的路径长度 k 与顶点数量相同的特殊情况。

3. 第 1.5.4 节的辅助结论 1.1 证明了有向汉密尔顿路径问题可以转化为无环最短路径问题。

4. 问题 1.7 证明了旅行商问题（TSP）可以转化为旅行商路径问题。

5. 问题 2.9 证明了最大覆盖问题可以转化为影响最大化问题。

6. 问题 3.11 证明了 SAT 问题可以转化为混合整数规划问题。

本章的章末习题部分讨论了 8 个更容易转化的问题。

一些更容易的转化

7. 问题 4.4：独立子集问题可以转化为分团（clique）问题。

8. 问题 4.5：独立子集问题可以转化为向量覆盖问题（第 2.7 节的问题 2.4）。

9. 问题 4.6：向量覆盖问题可以转化为集合覆盖问题（第 2.7 节的问题 2.2）。

10. 问题 4.7：子集求和问题可以转化为背包问题。

11. 问题 4.8：集合覆盖问题可以转化为最大覆盖问题。

12. 问题 4.9：有向汉密尔顿路径问题可以转化为无向汉密尔顿路径问题。

13. 问题 4.10：子集求和问题可以转化为完成工时最小化问题。

14. 问题 4.11：3-SAT 问题可以转化为验证一个图是否为 3-可着色的问题。[①]

剩下的 4 个是难度更大的转化。

一些难度更大的转化

15. 3-SAT 问题可以转化为独立子集问题（第 4.5 节）。

16. 3-SAT 问题可以转化为有向汉密尔顿路径问题（第 4.6 节）。

17. 无向汉密尔顿路径问题可以转化为 TSP（第 4.7 节）。（这个并不算太难。）

18. 独立子集问题可以转化为子集求和问题（第 4.8 节）。

4.3.3　为什么要啃艰涩的 NP 问题证明?

坦率地说，NP 问题的证明中的细节之凌乱难以想象，并且每个证明都是问题特定的，几乎没人能够记住它的所有细节。那么为什么要用接下来的整整 5 节内容来"折磨"读者呢? 因为存在几个很充分的理由需要我们仔细研读这些内容。

---

① 这个转化与第 3.5.3 节的转化方向相反，它的意图是扩展（最坏情况下）难处理性而不是（半可靠的）易处理性。另外剧透一下：这个转化要比问题 4.4～问题 4.10 的那些转化难度更大。

第 4.4 节～第 4.8 节的目标

1. 兑现以前的承诺，即本书研究的所有问题都是 NP 问题，因此需要进行第 2 章和第 3 章所描述的妥协。

2. 为读者提供一个长长的已知 NP 问题的列表，供读者在自己的转化中使用（两步骤方案的第 1 个步骤）。[①]

3. 增强读者的信仰。如果有需要，可以设计必要的转化，证明在自己的工作中所遇到的一个问题是 NP 问题。

4.3.4 小测验 4.1 的答案

正确答案：（b）、（c）。从问题 A 到问题 B 的转化把易处理性从 B 扩展到 A，而难处理性则按相反的方向扩展，即从 A 扩展到 B（就像在图 1.2 和图 1.3 中所看到的那样）。用 A 和 B 分别表示背包问题和 MIP 问题，第 3.4 节的转化把易处理性从 MIP 问题扩展到背包问题（因此（c）是正确的），并以相反的方向扩展难处理性（因此（b）是正确的）。

4.4 一个转化模板

NP 问题证明中的典型转化采用了一个常见的模板。一般而言，从问题 A 到问题 B 的转化可能极为复杂，B 的假定子程序的调用次数达到多项式级别，并且需要以灵活的方式在多项式时间内对子程序的响应进行处理（第 4.1 节）。另一方面，我们可以想象的最简单转化又是什么样子的呢？

如果我们相信问题 A 是 NP 问题（P≠NP 猜想是正确的），那么从 A 到 B 的每个转化至少必须使用一次 B 的假定子程序。否则，这个转化就构成了 A 的多

[①] 对于真正非常长的列表（超过 300 个 NP 问题），可以参阅经典著作 *Computers and Intractability: A Guide to the Theory of NP-Completeness*，作者 Michael R. Garey 和 David S. Johnson。1979 年以后出版的计算机科学图书鲜有能与之相提并论的！

项式时间的独立算法。为了对输入进行检查，需要转化的问题 A 的实例在输入到问题 B 的子程序之前可能需要进行预处理。例如，输入可能是一个图形，而这个子程序期望接收的却是一个整数列表。类似，子程序所产生的响应可能需要进行后处理才能做为转化的输出，如图 4.4 所示。

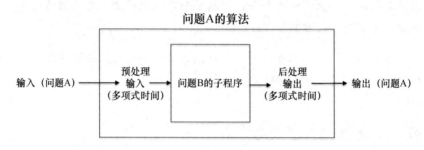

问题A的算法

输入（问题A）　→　预处理输入（多项式时间）　→　问题B的子程序　→　后处理输出（多项式时间）　→　输出（问题A）

图 4.4　问题转化

对于 NP 问题的证明，我们需要熟练掌握这些可以想象的最简单转化。

从 A 到 B 的可以想象的最简单转化

1. 预处理过程：对于问题 A 的一个实例，在多项式时间内把它转化为问题 B 的一个实例。

2. 子程序：调用 B 的假定子程序。

3. 后处理过程：在多项式时间内把子程序的输出转化为正确的输出，使之适用于 A 的特定实例。

预处理过程和后处理过程在设计时一般需要保持一致，前者的转换显然是根据后者的需要进行的。在我们的所有例子中，很显然预处理过程和后处理过程都是在多项式时间内完成的（如果达不到线性时间）。

辅助结论 1.1 的转化，即从有向汉密尔顿路径问题到无环最短路径问题的转化就是一个典型的例子。这个转化使用了一个预处理过程，把前者的一个实例转化为后者的一个实例，方法是复用同一个图，并把每条边的长度设置为-1。另外，它还使用了一个后处理过程，根据无环最短路径的假想子程序的输出推断出正确的输出。接下来介绍的转化与这个思路相同，但变型更为复杂。

4.5　独立子集问题是 NP 问题

本章的第 1 个 NP 问题证明是独立子集问题。在这个问题中，输入是无向图 $G = (V, E)$，目标是计算它的一个最大独立子集（即不存在相邻顶点的集合）。[①]例如，如果 G 是一个具有 n 个顶点的环状图，那么它的最大独立子集的大小是 $n / 2$（如果 n 是偶数）或 $(n-1) / 2$（如果 n 是奇数）。如果边表示人或任务之间的冲突，那么独立子集就对应于无冲突的子集。

当前我们手里只有一个 NP 问题，即 3-SAT 问题。因此，如果我们想要使用两步骤的方案证明独立子集问题是 NP 问题，那么只有一条路可走，就是证明 3-SAT 问题可以转化为独立子集问题。这两个问题看上去彼此不相干：一个是关于逻辑的，另一个是关于图形的。但是，本节的主要成果就是：

定理 4.2（从 **3-SAT** 到独立子集的转化）　3-SAT 问题可以转化为独立子集问题。

根据前面所讨论的两步骤方案，由于 3-SAT 是 NP 问题（定理 4.1），因此独立子集问题也是 NP 问题。

推论 4.1（独立子集是 **NP** 问题）　独立子集问题是 NP 问题。

4.5.1　主要思路

辅助结论 1.1 中从有向汉密尔顿路径问题到无环最短路径问题的转化利用了两个问题之间的明显相似性，因为这两个问题都与在有向图中寻找路径有关。反之，3-SAT 问题和独立子集问题看上去是完全无关的。如果我们的目标是寻求一种可以想象的最简单转化（第 4.4 节），那么该如何规划预处理过程和后处理过程呢？后处理过程必须从一个由图经过预处理转化而得到的最大独立子集中为一个 3-SAT 实例提取一组可满足的真值指派（或确认不存在这样的真值指派）。

---

① 这个问题是加权独立子集问题的一种特殊情况，每个顶点的权重是 1。由于这种特殊情况本身就是 NP 问题（稍后就会看到），因此更基本的问题肯定也是 NP 问题。

接下来，我们通过一个例子来说明主要思路。第 4.5.2 节提供了这个转化的正式描述以及它的正确性证明。

为了对这个转化的预处理过程进行解释，可以把 k 个文字的析取式看成某人对 k 个最喜欢的变量的赋值请求列表。例如，约束条件 $\neg x_1 \vee x_2 \vee x_3$ 可以看成"可以把 x_1 设置为假吗？"或"要么把 x_2 设置为真？"或"至少要把 x_3 设置为真吧？"只要满足至少一个要求，就可以让他高兴地离开，这样就满足了约束条件。

预处理过程的关键思路是把一个 3-SAT 问题的实例用一个图来表示，图中的每个顶点表示一个约束条件的一组赋值请求。[①]例如，下面这个约束条件

$$\underbrace{x_1 \vee x_2 \vee x_3}_{C_1} \quad \underbrace{\neg x_1 \vee x_2 \vee x_3}_{C_2} \quad \underbrace{\neg x_1 \vee \neg x_2 \vee \neg x_3}_{C_3}$$

可以用 3 组顶点表示，每组中都有 3 个顶点：

例如，第 4 个顶点把第 2 个约束条件的请求表达为把变量 x_1 设置为假（对应于它的文字 $\neg x_1$）。

接着我们观察后处理过程，这些顶点的子集可以用真值指派来表达吗？并不总是这样。问题在于有些请求是不一致的，有时会对同一个变量请求不同的值（例如上面的第 1 个和第 4 个顶点）。但是，独立子集问题的要点就是在于表达冲突！因此如果一对顶点之间存在冲突，预处理过程就在它们之间增加一条边。由于每个独立子集最多只能选择一条边的其中一个顶点，因此就可以避免所有的冲突。把这个思路应用于图 4.5 所示的例子（虚线顶点表示一个特定的独立子集）。

---

① 我们的第一个想法可能是把 n 个顶点的 3-SAT 实例转化为一个 n 个顶点的图，2^n 个顶点子集对应于 2^n 组可能的真值指派。可惜，这种方法是徒劳无功的，倒是促使我们想到了后面所使用的更为巧妙的构造方法。

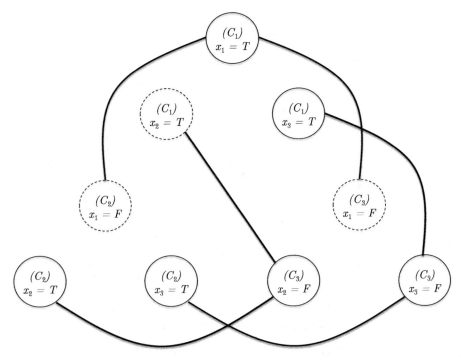

图 4.5　示例图

现在,后处理过程就可以从包含了每组至少一个顶点的任意独立子集 S 中提取一组可满足的真值指派, 从而满足了所有对应的变量赋值请求。(在两个方向均没有被请求的变量可以安全地赋值为真或假。) 由于 S 中的所有顶点都是不相邻的, 因此这些请求均不冲突, 其结果就是一组具有良好定义的真值指派。由于 S 包含了每组的至少一个顶点 (每个约束条件实现一个请求), 因此这组真值指派满足所有的约束条件。例如, 上面的 3 个虚线顶点可以转换为两组可满足的真值指派{假, 真, 真}或{假, 真, 假}之一。

最后, 这个转化必须还能识别不可满足的 3-SAT 实例。正如我们将在下一节所看到的那样, 由于预处理过程在同一组的每对顶点之间添加了一条边, 因此后处理过程能够轻松地识别这种不可满足性, 如图 4.6 所示。

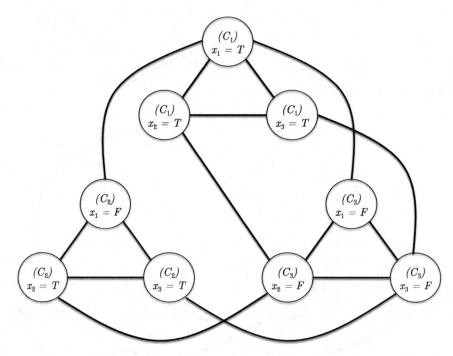

图 4.6   在同一组的每对顶点之间添加一条边

4.5.2　定理 4.2 的证明

定理 4.2 的证明可以简单地把第 4.5.1 节的例子和理论扩展到基本的 3-SAT 实例。

1. 转化的描述

预处理过程。根据一个任意的 3-SAT 实例，它具有 n 个变量和 m 个约束条件，每个约束条件最多包括 3 个文字，预处理过程能够构建一个对应的图 $G = (V, E)$。它定义了 $V = V_1 \cup V_2 \cup \cdots \cup V_m$，其中 V_j 是一个组，其中的每个顶点对应于第 j 个约束条件中的每个文字。它还定义了 $E = E_1 \cup E_2$，其中 E_1 包含了同一组中的每对顶点之间的一条边，E_2 包含了每对冲突顶点之间的一条边（对应于同一个变量的相反赋值请求）。

后处理过程。如果假定的子程序返回图 G 经过预处理过程所构建的一个独立子集，其中包含了至少 m 个顶点，那么后处理过程就返回一组任意的与对应的变量赋值请求保持一致的真值指派。否则，后处理过程就返回"不存在解决方案"。

2．正确性证明

正确性证明的关键在于说明预处理过程能够把可满足和不可满足的 3-SAT 实例分别转换为独立子集的最大容量等于 m 和小于 m 的图，如图 4.7 所示。

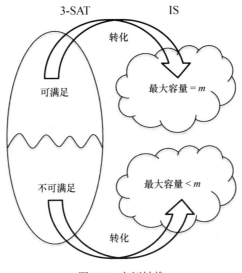

图 4.7　实例转换

情况 1：不可满足的实例。为了进行反证，假设这个转化对于某个不可满足的 3-SAT 实例无法返回"不存在解决方案"。这意味着假定的子程序会返回预处理过程所构建的至少包含 m 个顶点的图 $G = (V, E)$ 的一个独立子集 S。E_1 的边阻止从一个组中提取超过 1 个的顶点，因此 S 肯定正好包含了 m 个顶点，每组各 1 个顶点。由于 E_2 中所存在的边，所以至少有一组真值指派与 S 的顶点所对应的所有赋值请求保持一致。由于 S 在每个组中包含了 1 个顶点，因此后处理过程从 S 提取的真值指派满足每个约束条件。这就与这个特定的 3-SAT 实例为不可满足的初始假设相悖。

情况 2：可满足的实例。假设特定的 3-SAT 实例具有可满足的真值指派。从每个约束条件中挑出一个满足的变量赋值请求，由于这组真值指派满足了每个约束条件，因此肯定存在一个可以被挑选的独立子集，然后设 X 表示对应的 m 个顶点的子集。集合 X 是 G 的一个独立子集：它并没有包含 E_1 中任何边的两个端点（因为它只包含了每个组的一条边），也没有包含 E_2 中任何边的两个端点（因为它是根据一组一致的真值指派推导产生的）。由于至少能够找到 G 的一个长度为 m 的独立子集，因此假定的子程序肯定能返回一个这样的子集，有可能是 X，也可能是其他长度为 m 的独立子集（肯定也是每组各有一个顶点）。和情况 1 一样，后处理过程从这个独立子集提取一组可满足的真值指派，返回这个转化的（正确）输出。

为了避免让读者觉得这样的正确性证明太过书卷气，我们用一个失败的转化例子来结束本节。

小测验 4.2

如果从图 G 中省略了组内边集 E_1，定理 4.2 的证明会在哪里失败？（选择所有正确的答案。）

（a）G 的一个独立子集不再能够转换为一组定义良好的真值指派。

（b）一个可满足 3-SAT 实例所转化的图的独立子集的最大长度（即约束条件的数量）不一定至少为 m。

（c）一个不可满足的 3-SAT 实例所转化的图的独立子集的最大长度不一定小于 m。

（d）实际上，证明仍然可以成立。

（正确答案和详细解释如下。）

正确答案：（c）。对于一个不可满足的 3-SAT 实例，即使不存在组内边集 E_1，G 中也不存在包含了 m 个组中各一个顶点的独立子集（因为后处理过程可以把任何这样的独立子集转化为一组可满足的真值指派）。但是，由于 G 的独立子集现在可以自由地从一个组中挑选多个顶点，因此它的一个独立子集很可能包含了 m 个顶点（甚至更多）。

*4.6 有向汉密尔顿路径问题是 NP 问题

有了把 3-SAT 问题转化为图问题的经验之后，为什么不试试再转化一个？

在有向汉密尔顿路径（DHP）问题中，输入是有向图 $G = (V, E)$、起始顶点 $s \in V$ 和结束顶点 $t \in V$。这个问题的目标是返回一条访问 G 中每个顶点正好 1 次的 s–t 路径（称为 s–t 汉密尔顿路径），或正确地表示不存在这样的路径。[①]与本章所研究的 19 个问题中的大多数问题不同，我们对这个问题的兴趣并不在于它的直接应用，而是更多地在于它有助于证明其他重要的问题（例如 TSP）是 NP 问题。

本节的主要成果如下。

定理 4.3（从 3-SAT 到 DHP 的转化）　3-SAT 问题可以转化为有向汉密尔顿路径问题。

结合 Cook-Levin 定理（定理 4.1）和我们的两步骤方案，定理 4.3 实现了我们在第 1.5.4 节所许下的一个承诺。

推论 4.2（DHP 是 NP 问题）　有向汉密尔顿路径问题是 NP 问题。

4.6.1　变量的编码和真值指派

为了实现一个可以想象的最简单转化（第 4.4 节），我们需要规划预处理过程（负责把一个 3-SAT 实例改造为有向图）和后处理过程（负责从该图的一条 s–t 汉密尔顿路径提取一组可满足的真值指派）。

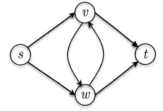

第 1 个思路是构建一个图，其中的一条 s–t 汉密尔顿路径成为了一个二元决策序列，可以由后处理过程解释为一组真值指派。例如，在图 4.8 所示的菱形图中，共有 2 条 s–t 汉密尔顿路径：一条是向下走的"之"字路线（$s \to v \to w \to t$），另一条是向上走的"之"字路线（$s \to w \to v \to t$）。把向下和向上分别标识为"真"

图 4.8　菱形图

和"假"，这样 s–t 汉密尔顿路径就可以用布尔变量的赋值进行编码。

如果还有更多的变量呢？预处理过程会为每个变量部署一个菱形图，并串在

---

① 第 28 页的问题说明稍有不同，它只需要一个是或否的答案，而不是一条路径。问题 4.3 要求我们证明这两个版本的问题是等价的，因为它们相互可以转化。

一起形成项链状。例如，图 4.9 中的虚线 s–t 汉密尔顿路径可以由后处理过程解释为一组真值指派{ 假，真，真 }。其余的 s–t 汉密尔顿路径可以采用相似的方式使用另外 7 组真值指派进行编码。

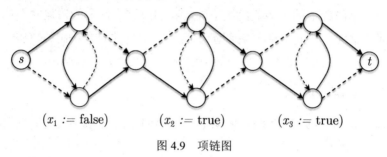

$(x_1 := \text{false})$ $(x_2 := \text{true})$ $(x_3 := \text{true})$

图 4.9   项链图

4.6.2   约束条件的编码

接着，预处理过程必须对这个图进行扩充，以反映这个特定 3-SAT 实例的约束条件，使得只有可满足的真值指派可以成为 s–t 汉密尔顿路径。下面是一个思路：为每个约束条件增加一个新顶点，使得访问这个顶点相当于满足这个约束条件。为了理解这种方法的工作方式，可以观察约束条件 $\neg x_1 \lor x_2 \lor x_3$ 和图 4.10（虚线的边表示一条特定的 s–t 汉密尔顿路径）。

项链图和这个新的约束条件顶点之间的边只允许从变量赋值

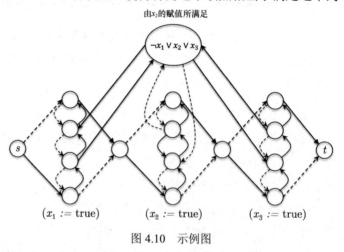

$(x_1 := \text{true})$ $(x_2 := \text{true})$ $(x_3 := \text{true})$

图 4.10   示例图

满足这个约束条件的菱形上，通过 s–t 汉密尔顿路径访问这个顶点，访问方向与满足这个约束条件的变量赋值相对应。[1]

---

[1]   由于每个变量都参与了这个约束条件，因此每个菱形都有一条边指向这个约束条件顶点且来自这个顶点。如果约束条件中不存在某个顶点，则对应的菱形就不存在这样的边。

例如，观察虚线边即一条 s–t 汉密尔顿路径。这条路径向下访问这三个菱形，对应于全真的真值指派。把 x_1 赋值为真并不满意约束条件 $\neg x_1 \lor x_2 \lor x_3$。相应地，如果不跳过某个顶点或访问某顶点 2 次，就无法从第 1 个菱形访问这个新的约束条件顶点。把 x_2 赋值为真满足这个约束条件，这也是虚线路径能够从第 2 个菱形直接来回访问这个新的约束条件顶点然后再恢复它的向下行程的原因。由于 x_3 的赋值同样满足这个约束条件，因此第 3 个菱形中也存在这样的来回路径。但是，由于已经访问了这个约束条件顶点，因此这条 s–t 汉密尔顿路径直接经由第 3 个菱形到达终点 t。（这组真值指派存在另一条 s–t 汉密尔顿路径，直接向下经过第 2 个菱形并在第 3 个菱形中来回访问这个约束条件顶点。）

为了表达第 2 个约束条件如 $x_1 \lor \neg x_2 \lor \neg x_3$，预处理过程可以添加另一个新顶点，并按照同样的方式把它串入到项链图中（虚线边表示一条特定的 s–t 汉密尔顿路径），如图 4.11 所示。

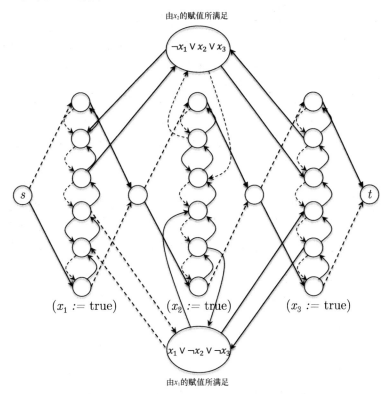

图 4.11　加入"约束条件"后的项链图

每个菱形新增了 2 个顶点,为从同一个菱形出发对两个约束条件顶点进行来回访问的任何 s–t 汉密尔顿路径提供了空间。[①]虚线路径是对应于全真的真值指派的两条 s–t 汉密尔顿路径之一。访问新的约束条件顶点的唯一机会是从第 1 个菱形出发。在其他 7 组真值指派中,有 5 组存在一条或多条对应的 s–t 汉密尔顿路径的可满足真值指派,而另 2 组则不存在。

4.6.3 定理 4.3 的证明

定理 4.3 的证明把第 4.6.2 节的例子扩展到基本的 3-SAT 实例。

1. 转化的描述

预处理过程。根据一个包含 n 个变量和 m 个约束条件的 3-SAT 实例,预处理过程构建一个有向图,具体如下。

- 定义一个包含 $2mn + 3n + m + 1$ 个顶点的集合 V:起始顶点是 s;每个变量 x_i 的 3 个菱形外部顶点 v_i、w_i 和 t_i;每个变量 i 的 $2m$ 个菱形内部顶点 $a_{i,1}$、$a_{i,2}$、$\cdots$、$a_{i,2m}$;m 个约束条件顶点 c_1、c_2、$\cdots$、c_m。

- 定义项链的一个边集合 E_1,把 s 连接到 v_1 和 w_1。对于 $i = 1$, 2,$\cdots$,$n–1$,把 t_i 连接到 v_{i+1} 和 w_{i+1}。对于 $i = 1$, 2,$\cdots$,n,把 v_i 和 w_i 连接到 t_i,把 v_i 来回连接到 $a_{i,1}$,把 w_i 来回连接到 $a_{i,2m}$。对于 $i = 1$, 2,$\cdots$,n 和 $j = 1$,2,$\cdots$,$2m–1$,把 $a_{i,j}$ 来回连接到 $a_{i,j+1}$。

- 定义约束条件的一个边集合 E_2,当第 j 个约束条件包含了文字 x_i(即赋值请求 x_i=真)时把 $a_{i,2j-1}$ 连接到 c_j,把 c_j 连接到 $a_{i,2j}$。当第 j 个约束条件包含了文字 $\neg x_i$(即赋值请求 x_i= 假)时,把 $a_{i,2j}$ 连接到 c_j,并把 c_j 连接到 $a_{i,2j-1}$。

预处理过程的结果是图 $G = (V, E_1 \cup E_2)$,它所构建的实例的起始顶点和结束顶点分别被定义为 s 和 t_n。

[①] 这个例子中不存在这样的路径,但是如果我们把第 2 个约束条件修改为 $x_1 \vee \neg x_2 \vee x_3$,就存在这样的路径。

后处理过程。如果假定的子程序计算出预处理过程所构建的图 G 的一条 s–t_n 汉密尔顿路径，后处理过程就返回一组真值指派，当 P 在 w_i 之前访问了顶点 v_i 时，变量 x_i 被设置为真，否则就被设置为假。

如果假定的子程序的响应是"没有解决方案"，则后处理过程的响应也是"没有解决方案"。

2. 正确性证明

正确性证明的关键在于说明预处理过程能够把可满足和不可满足的 3-SAT 实例分别转化为存在和不存在 s–t_n 汉密尔顿路径的图，如图 4.12 所示。

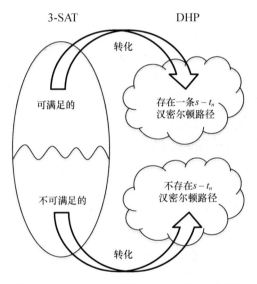

图 4.12　存在一条和不存在 s–t_n 汉密尔顿路径

情况 1：不可满足的实例。假设某个不可满足的 3-SAT 实例转化失败，返回"没有解决方案"。这意味着假定的子程序返回预处理过程所构建的图 G 的一条 s–t_n 汉密尔顿路径 P。这条汉密尔顿路径 P 肯定与第 4.6.2 节的那条路径相似，上下行经每个菱形，并访问每个约束条件顶点。为了访问一个约束条件顶点，这条路径必须包含一段来回的短途路线，并在与这个约束条件的变量赋值请求之一对应的方向上中断对某个菱形的行程。（如果这条路径无法立即从这个约束顶点返回到同一个菱形，以后就无法在不访问某个顶点 2 次的情况下访问这个菱形的其余顶点。）因此，后处理过程从 P 所提取的真值指派是一组可满足的真值指派，从而与给定的 3-SAT 实例为不可满足的假设相悖。

情况 2：可满足的实例。假设给定的 3-SAT 实例具有一组可满足的真值指派。预处理过程所构建的图 G 就具有一条 s–t_n 汉密尔顿路径：根据赋值所指定的方向（变量设置为真时向下，否则向上）行经每个菱形，遇到最早的机会时对每个约束条件顶点进行一次短途的来回访问（从赋值满足这个约束条件的第 1 个变量的对应菱形出发）。由于图 G 中至少能够找到一条 s–t_n 汉密尔顿路径，因此假定的子程序肯定会返回一条这样的路径。和情况 1 一样，后处理过程可以从这条路径中提取并返回一组可满足的真值指派。

4.7 TSP 是 NP 问题

现在，我们回到之前一直关心的一个问题，即第 1.12 节的旅行商问题（TSP）。

4.7.1 无向汉密尔顿路径问题

我们的计划是站在之前的艰苦工作即有向汉密尔顿路径问题是 NP 问题（推论 4.2）的肩膀之上，然后松散地沿用第 1.5.4 节从这个问题到无环最短路径问题的转化。但是，这里存在一个简单的类型错误，TSP 是与无向图而不是与有向图有关。此时，无向版本的汉密尔顿路径看上去更为贴切。

问题：无向汉密尔顿路径（UHP）

输入：无向图 $G = (V, E)$，起始顶点 $s \in V$ 和结束顶点 $t \in V$。

输出：G 的一条 s-t 路径，访问每个顶点正好一次（即一条 s-t 汉密尔顿路径），或正确地报告不存在这样的路径。

问题 4.9 要求我们说明无向汉密尔顿路径和有向汉密尔顿路径是等价的，可以互相转化。因此，推论 4.2 可以推广到无向图。

推论 4.3（UHP 是 NP 问题） 无向汉密尔顿路径问题是 NP 问题。

本节的主要成果具体如下。

定理 4.4（UHP 可以转化为 TSP） 无向汉密尔顿路径问题可以转化为旅行商问题。

这个转化与推论 4.3 相结合，说明了 TSP 确实是 NP 问题。

推论 4.4（TSP 是 NP 问题） 旅行商问题是 NP 问题。

4.7.2 定理 4.4 的证明

我们可以略微放松一下，因为与定理 4.2 和定理 4.3 不同，定理 4.4 与直觉上觉得较为相似的两个问题有关，它们多少涉及无向图中的长路径。根据一个无向汉密尔顿路径实例，我们怎么才能把它转化为一个 TSP 实例，这样就可以很轻松地根据一条最低成本的旅行商路径提取一条汉密尔顿路径（或正确地声明不存在这样的路径）？ 我们的主要思路是用成本很高的边来模拟不存在的边。

1. 转化的描述

预处理过程。根据无向图 $G = (V, E)$、起始顶点 s 和结束顶点 t，预处理过程首先在 G 中增加额外的顶点 v_0 以及 v_0 到 s 和 t 的边，消除访问所有顶点的路径和访问所有顶点的环路之间的差别。然后，它在这个增强的图中把所有边的成本设置为 0。为了完成 TSP 实例的构建，预处理过程添加了所有不存在的边（形成完全图 G'，它的顶点集是 $V \cup \{v_0\}$），并把这些边的成本设置为 1。

例如，预处理过程把不存在 s–t 汉密尔顿路径的图转化为一个非零成本路线的 TSP 实例，如图 4.13 所示。

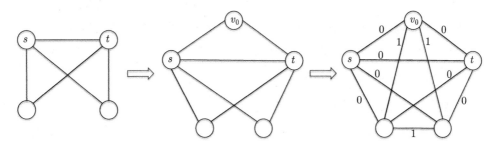

图 4.13　预处理过程

后处理过程。如果假定的子程序为预处理过程所构建的图 G' 计算出一条零成本的旅行商路线 T,那么后处理过程就从 T 中删除 v_0 和它的两条关联边,并返回这条结果路径。否则,就像之前的例子一样,后处理过程报告"没有解决方案"。

2.正确性证明

为了论证正确性,我们将论证图 4.14。

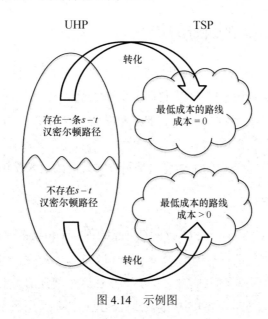

图 4.14   示例图

情况 1:非汉密尔顿实例。假设某个无向汉密尔顿路径实例 G 不存在 s-t 汉密尔顿路径而导致转化失败,返回"没有解决方案"。这意味着假定的子程序返回预处理过程所构建的图 G' 的一条零成本的路线 T,这条路线避免了 G' 中所有成本为 1 的边。由于只有 G 的边和 G' 的边 (v_0, s) 和 (v_0, t) 具有零成本,所以 T 与 v_0 相关联的两条边肯定是 (v_0, s) 和 (v_0, t),T 的其余部分肯定是一条无环的 s-t 路径,它访问了 V 的所有顶点,同时只使用了 G 中的边。因此 $T-\{(v_0, s), (v_0, t)\}$ 是 G 的一条 s-t 汉密尔顿路径,这样就与原先的假设相悖。

情况 2:汉密尔顿实例。假设给定的无向汉密尔顿路径实例具有一条 s-t 汉密尔顿路径 P。预处理过程所构建的 TSP 实例 G' 在 $P\cup\{(v_0, s), (v_0, t)\}$ 中存在一条零成本的路线。由于至少能找到一条零成本的路径,因此假定的子程序肯定会返回一条这样的路径。和情况 1 一样，后处理过程会从这条路线中提取并返回 G 的一条 s–t 汉密尔顿路径。

4.8　子集求和问题是 NP 问题

我们的 NP 问题证明阵列的最后一个是子集求和问题。证明了这个问题之后，背包问题和完成工时最小化问题也随之可以证明是 NP 问题（参见问题 4.7 和问题 4.10）。

问题：子集求和

输入：正整数 a_1, a_2, ..., a_n 和正整数 t。

输出：和为 t 的子集 a_i。（或正确地表示不存在这样的子集。）

例如，如果 a_i 中的整数都是 10 的乘方，从 1 到 10^{100}。当且仅当 t（十进制形式）最多具有 101 位，且每位数字只能是 0 或 1 时，存在一个目标和为 t 的子集。

子集求和问题所关心的是一连串的数字。它看上去与涉及图这样更复杂对象的问题并没有什么关联。然而，本节的主要成果具体如下。

定理 4.5（IS 可以转化为子集求和）　独立子集问题可以转化为子集求和问题。

这个结果与推论 4.1 相结合，说明了

推论 4.5（子集求和问题是 NP 问题）　子集求和问题是 NP 问题。

4.8.1　基本方法

现在，我们把注意力集中在检查一个特定的图是否存在具有特定目标大小 k 的独立子集这个问题上，而不是计算一个最大的独立子集。（前者的任何解决方案可以轻易地扩展到后者：使用线性搜索或二分搜索找到最大 k 值，以满足图中存在大小为 k 的独立子集。）

这个转化的预处理过程必须设法把图和目标大小转换为子集求和问题假定

的子程序期望接受的输入：一连串的正整数。①可以想象的最简单方法是为每个顶点定义一个整数（以及目标 t），这样目标大小为 k 的独立子集就对应于和为 t 的整数子集，如图 4.15 所示。

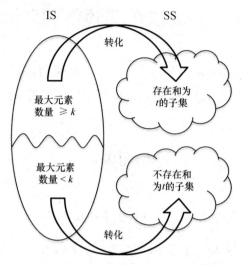

图 4.15　独立子集和整数子集之间的对应关系

4.8.2　例子：4 顶点环路

关键思路是使一个整数的每个低位数字表示一条边是否与对应的顶点相关联。例如，预处理过程可以把图 4.16 所示的 4 顶点环路中的顶点用下面的 5 位数（写成基数为 10 的形式）进行编码，如图 4.17 所示。

例如，v_2 最后的 4 个数字编码表示它与 e_1 和 e_2 相邻，但与 e_3 和 e_4 不相邻。

---

① 作为背包问题的一种特殊情况（参见问题 4.7），子集求和问题可以使用动态规划在伪多项式时间内解决，也就是运行时间与输入规模和输入数的量级呈多项式关系（参见第 1.4.2 节和问题 2.11（a））。因此，我们可以预料到预处理过程会构建一个输入数的量级达到指数级的子集求和实例，在这种情况下动态规划算法相对于穷举搜索并无改进。

既是 NP 问题又能在伪多项式时间内解决的问题称为弱 NP 问题，而强 NP 问题在所有的输入数的量级都是输入规模的一个多项式函数时仍然是 NP 问题。（输入不存在数字的 NP 问题，例如 3-SAT 问题，自动就是强 NP 问题。）在图 4.1 所示的 19 个问题中，除了子集求和和背包问题，其余都是强 NP 问题。

这个思路让我们看到了希望。4 顶点环路的两个元素数量为 2 的独立子集 { v_1, v_3 } 和 { v_2, v_4 } 对应于两对和相同的数：11 001 + 10 110 = 11 100 + 10 011 = 21 111。其他所有子集都具有不同的和。例如，与非独立子集 { v_3, v_4 } 对应的和是 10 110 + 10 011 = 20 121。因此，后处理过程可以把和为 21 111 的所有整数子集都转化为 4 顶点环路中元素数量为 2 的独立子集。

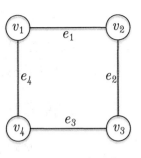

图 4.16　4 顶点环路

v_1	v_2	v_3	v_4
11 001	11 100	10 110	10 011

图 4.17　4 顶点编码

4.8.3　例子：5 顶点环路

但是，假设我们把同样的方法用于 5 顶点的环路，如图 4.18 所示。

每个顶点（以及它的关联边）用一个 6 位数进行编码。元素数量为 2 的不同独立子集现在对应于具有不同和的整数对。例如，211 101 和 211 110 分别对应于 { v_1, v_3 } 和 { v_2, v_4 }。一般而言，和的一个低位数字所对应的那条边的两个端点如果都不在独立子集中，那么这个数字就是 0，否则就是 1。

为了修正成为 0 的低位数字，预处理过程可以为每条边定义一个额外的整数。对于 5 顶点环路，最终的整数列表如图 4.19 所示。

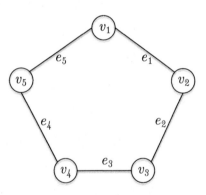

图 4.18　5 顶点的环路

v_1	v_2	v_3	v_4	v_5
110 001	111 000	101 100	100 110	100 011
e_1	e_2	e_3	e_4	e_5
10 000	1 000	100	10	1

图 4.19　顶点和边的编码

现在，为了实现目标和 211 111，可以取元素数量为 2 的独立子集（例如 { v_1, v_3 } 或 { v_2, v_4 }）所对应的整数之和，再加上两个端点均不在这个独立子集中的边（分别为 e_4 或 e_5）所对应的整数。没有其他方法能够实现这个目标和（可以进行验证）。

4.8.4　定理 4.5 的证明

定理 4.5 的证明把第 4.8.3 节的例子扩展到基本的独立子集实例。

1. 转化的描述

预处理过程。根据一个顶点集为 $V = \{ v_1, v_2, \cdots, v_m \}$ 和边集为 $E = \{ e_1, e_2, \cdots, e_m \}$ 的无向图 $G = (V, E)$ 和目标大小 k，预处理过程构建 $n + m + 1$ 个正整数，且定义了一个子集求和问题的实例，具体如下。

- 对于每个顶点 v_i，定义 $a_i = 10^m + \sum_{e_j \in A_i} 10^{m-j}$，其中 A_i 表示连接 v_i 的边。

  （十进制形式，第 1 位数是 1，此后的第 j 位数字如果 e_j 连接到 v_i 就是 1，否则为 0。）

- 对于每条边 e_j，定义 $b_j = 10^{m-j}$。

- 定义目标和 $t = k \cdot 10^m + \sum_{j=1}^{m} 10^{m-j}$。（十进制形式，数字 k 后面是 m 个 1。）

后处理过程。如果假定的子程序计算出 { a_1, a_2, $\cdots$, a_n, b_1, b_2, $\cdots$, b_m } 的一个和为 t 的子集，那么后处理过程就返回这个子集中与 a_i 相对应的顶点 v_i。（例如，如果提交的子集是 { a_2, a_4, a_7, b_3, b_6 }，那么后处理过程就返回顶点子集 { v_2, v_4, v_7 }。）如果假定的子程序的响应是"没有解决方案"，那么后处理过程也返回响应"没有解决方案"。

外层循环。预处理过程和后处理过程检查一个目标大小为 k 的独立子集。为了计算输入图 $G = (V, E)$ 的最大独立子集，在转化时会对 $k = n, n-1, n-2, \cdots, 2, 1$ 所有可能的值进行检查，步骤具体如下。

1. 调用预处理过程把 G 和 k 的当前值转化为子集求和问题的一个实例。

2. 对这个子集求和问题调用假定的子程序。

3. 对子程序的输出调用后处理过程。如果它返回 G 的一个大小为 k 的独立子集 S，就终止并返回 S。

总之，在转化时最多调用子集求和子程序 n 次，并执行不超过多项式数量的额外工作。

2. 正确性证明

对于 k 的当前值，只要外层循环的每次迭代能够正确地识别输入图中是否存在一个大小为 k 的独立子集，那么转化就是正确的。

情况 1：不存在大小为 k 的独立子集。假设转化的外层循环的一次迭代对于某个不存在大小为 k 的独立子集的图 $G = (V, E)$ 无法返回"没有解决方案"。这意味着假定的子程序返回预处理过程所构建的 $\{ a_1, a_2, \cdots, a_n, b_1, b_2, \cdots, b_m \}$ 的一个目标和为 t 的子集 N。设 $S \subseteq V$ 表示与 N 中的 a_i 对应的顶点。为了通过反证法进行证明，我们接着论证 S 是 G 的一个大小为 k 的独立子集。

一般而言，对于 a_i 的每个 s 个元素的子集以及 b_j 的任何整数，它们的和（写成十进制形式）首先是表示 s 的数字，然后是 $\{ 0, 1, 2, 3 \}$ 中的 m 个数字。（正好有 3 个数可以对 m 个缀尾数字中的第 j 个数字产生影响：b_j 以及 a_i 中与 e_j 的两个端点对应的整数）由于目标和 t 的前缀数字与 k 相等，因此子集 N 肯定包含了 k 个 a_i 中的整数，因此 S 的大小为 k。由于 t 的 m 个缀尾数字都是 1，因此子集 N 不可能包含 a_i 中与一条公共边的两个端点对应的整数。因此，S 是 G 的一个独立子集。

情况 2：至少存在 1 个大小为 k 的独立子集。假设输入图 $G = (V, E)$ 存在一个大小为 k 的独立子集 S。预处理过程所构建的子集求和实例就具有一个目标和为 t 的子集：把 k 个与 S 的顶点相对应的 a_i 相加，再加上两个端点都不在 S 中的边所对应的整数 b_j。由于至少能够找到一个可行的解决方案，因此假定的子程序肯定会返回一个和为 t 的子集 N。和情况 1 一样，后处理过程就从 N 提取并返回 G 的一个大小为 k 的独立子集。

4.9　本章要点

- 为了证明问题 B 是 NP 问题，可以采取两步骤的方案：（i）选择一个 NP

问题 A；（ii）证明 A 可以转化为 B。

- 3-SAT 问题是可满足性问题的一种特殊情况，它的每个约束条件中最多只有 3 个文字。

- Cook-Levin 定理证明了 3-SAT 问题是 NP 问题。

- 以 3-SAT 问题为起点，两步骤方案的数以千计的应用证明了数以千计的问题都是 NP 问题。

- NP 问题证明中的转化遵循一个模板：对输入进行预处理；调用假定的子程序；对输出进行后处理。

- 在独立子集问题中，输入是一个无向图，目标是计算一个有不相邻顶点的最大子集。

- 3-SAT 问题可以转化为独立子集问题，证明了后者也是 NP 问题。

- 图 G 的 s–t 汉密尔顿路径从顶点 s 出发，在顶点 t 结束，其间访问 G 的每个顶点正好 1 次。

- 3-SAT 问题可以转化为有向版本的汉密尔顿路径问题，证明后者也是 NP 问题。

- 汉密尔顿路径问题的无向版本可以转化为旅行商问题，证明后者也是 NP 问题。

- 在子集求和问题中，目标是计算一个特定正整数集合的一个子集，其和等于一个特定的目标（或认定不存在这样的子集）。

- 独立子集问题可以转化为子集求和问题，证明后者也是 NP 问题。

4.10　章末习题

问题 4.1（S）假设 P≠NP 猜想是正确的。下列哪些问题可以在多项式时间内解决？（选择所有正确的答案。）

（a）根据一个无向连通图，计算一棵具有最少叶节点数量的生成树。

（b）根据一个无向连通图，计算一棵具有最大度的生成树。（顶点的度是指与之相连的边的数量。）

（c）根据一个边长为非负值的无向连通图，一个起点顶点 s 和一个结束顶点 t，计算一条正好具有 $n–1$ 条边的无环 s–t 路径的最短长度（如果不存在这样的路径就返回$+ \infty$）。

（d）根据一个边长为非负值的无向连通图，一个起点顶点 s 和一个结束顶点 t，计算一条正好具有 $n–1$ 条边的 s–t 路径（不一定是无环）的最短长度（如果不存在这样的路径就返回$+ \infty$）。

问题 4.2（S）假设 P$\neq$NP 猜想是正确的。下列哪些问题可以在多项式时间内解决？（选择所有正确的答案。）

（a）根据一个边长为非负值的有向图 $G = (V, E)$，计算任意顶点对之间的最短路径的最大长度（即 $\max_{v,w \in V} \text{dist}(v,w)$，其中 $\text{dist}(v,w)$ 表示顶点 v 与 w 之间的最短路径的长度）。

（b）根据一个具有实数边长的有向无环图，计算任意顶点对之间的最长路径的长度。

（c）根据一个边长为非负值的有向图 $G = (V, E)$，计算任意顶点对之间的最长无环路径的长度（即 $\max_{v,w \in V} \text{maxlen}(v,w)$，其中 $\text{maxlen}(v,w)$ 表示从 v 到 w 的一条最长无环路径的长度）。

（d）根据一个具有实数边长的有向图，计算任意顶点对之间的一条最长无环路径的长度。

问题 4.3（S）像第 1.5.4 节的有向汉密尔顿路径问题这种只要求"是"或"否"答案的版本称为决策版本。第 4.6 节自身需要一条 s–t 汉密尔顿路径（存在时）的版本称为搜索版本。第 1.1.2 节的 TSP 版本称为优化版本，而 TSP 的搜索版本被定义为：根据一个具有实数值边成本的完全图和目标成本 C，返回一条总成本不超过 C 的旅行商路线（或正确地说明不存在这样的路线）。下列说法哪些是正确的？（选择所有正确的答案。）

（a）有向汉密尔顿路径问题的决策版本可以转化为搜索版本。

（b）有向汉密尔顿路径问题的搜索版本可以转化为决策版本。

（c）TSP 的搜索版本可以转化为优化版本。

（d）TSP 的优化版本可以转化为搜索版本。

问题 4.4（H）在分团（clique）问题中，输入是一个无向图，其目标是输出一个最大的分团，即互不相邻的顶点子集。证明独立子集问题可以转化为分团问题，说明（根据推论 4.1）后者是 NP 问题。

问题 4.5（H）在顶点覆盖问题中，输入是一个无向图 $G = (V, E)$，其目标是确认一个最小顶点子集 $S \subseteq V$，其中包含了 E 中每条边的至少一个顶点。证明独立子集问题可以转化为顶点覆盖问题，说明（根据推论 4.1）后者是 NP 问题。

问题 4.6（H）在集合覆盖问题中，输入由一个基础集合 U 的 m 个子集 A_1，A_2，$\cdots$，A_m 所组成，其目标是确认一个最小的子集集合，它们的并集等于 U。证明顶点覆盖问题可以转化为集合覆盖问题，说明（根据问题 4.5）后者是 NP 问题。

问题 4.7（H）证明子集求和问题可以转化为背包问题，说明（根据推论 4.5）后者是 NP 问题。

挑战题

问题 4.8（S）证明集合覆盖问题可以转化为最大覆盖问题（第 2.2.1 节），说明（根据问题 4.6）后者是 NP 问题。

问题 4.9（H）证明无向汉密尔顿路径问题可以转化为有向汉密尔顿路径问题，反之亦然。（具体地说，推论 4.3 可从推论 4.2 推导而来。）

问题 4.10（H）

（a）证明子集求和问题在目标和等于输入数之和的一半（$t = \dfrac{1}{2} \displaystyle\sum_{i=1}^{n} a_i$）的特殊情况时仍然是 NP 问题。[①]

———————————

[①] 子集求和问题的这种特殊情况常称为划分问题。

（b）证明子集求和问题的这种特殊情况可以转化为 2 台机器的完成工时最小化问题，从而说明（根据（a））后者是 NP 问题。[①]

问题 4.11　（H）证明 3-SAT 问题可以转化为图形着色问题的一种特殊情况（允许的颜色数量 k 为 3），说明（根据 Cook-Levin 定理）后者是 NP 问题。[②]

问题 4.12　（H）问题 2.12 介绍了度量 TSP 这种特殊情况，即输入图 $G = (V, E)$ 的边成本 c 为非负值，并且 G 中的每一对顶点 $v, w \in V$ 和 v–w 路径 P 都满足下面这个三角不等式：

$$c_{vw} \leqslant \sum_{e \in P} c_e$$

问题 2.12 还开发了一种多项式时间的启发式算法，对于一个度量 TSP 实例，保证返回一条总成本不超过最低成本两倍的路线。我们能不能做得更好，准确地解决度量 TSP 这种特殊情况，或者至少对这种启发式算法进行扩展，使它的近似正确性保证达到通用 TSP 的水平？

（a）证明度量 TSP 这种特殊情况是 NP 问题。

（b）假设 P≠NP 猜想是正确的。证明对于每个非负边成本的 TSP 实例（没有其他假设），不存在多项式时间的算法能够返回一条总成本不超过最低成本的 10^{100} 倍的路线。

---

① 完成工时最小化问题的 2 台机器的特殊情况可以在伪多项式时间内通过动态规划算法解决（可以进行验证），因此只是一种弱 NP 问题。一种更复杂的转化说明了这个问题的通用版本是一个强 NP 问题。

② 当 $k = 2$ 时，图形着色问题可以在线性时间内解决。

第 5 章 ☚

P、NP 及相关概念

第 1~4 章介绍了关于 NP 问题纯粹的算法设计师需要掌握的知识，即 NP 问题的算法含义、攻克 NP 问题的算法工具，以及如何发现 NP 问题。我们根据 P≠NP 猜想临时定义了 NP 问题，并在第 1.3.5 节非正式地描述了这个猜想，且没有提供任何正式的数学定义（当时并无此需要）。本章弥补了这些缺失的基础知识。[①]

第 5.1 节通过把大量的问题转化为一个问题，积累了这个问题的难处理性证据。第 5.2 节对三种类型（决策、搜索和优化问题）的计算性问题进行分类。第 5.3 节把复杂类 NP 定义为所有具有高效可识别解决方案的搜索问题的集合，正式定义了 NP 问题，并回顾了 Cook-Levin 定理。第 5.4 节正式定义了 P≠NP 猜想并了解了它的当前状态。第 5.5 节描述了两个比 P≠NP 猜想更强的重要猜想：指数级时间假设（ETH）和强指数级时间假设（SETH）以及它们的算法含义（例如，对于序列对齐问题）。第 5.6 节最后讨论了 Levin 转化和 NP 完全问题，即可以用高效的可识别解决方案对所有问题同时进行表达的普遍问题。

---

① 本章介绍了计算复杂性理论这个优美而又深入数学核心的领域，研究解决不同的计算任务（作为输入规模的函数）所需要的计算资源的量化（例如时间、内存或随机性）。我们将把这个理论严格限制在它的算法含义中，因此在处理上稍稍与常规不同。如果读者想了解计算复杂性理论的更多知识，建议以 Ryan O'Donnell 的优秀视频课程为起点。

*5.1　难处理性的累积证据

1967 年，Jack Edmonds 提出了一个猜想，任何多项式时间的算法都无法解决旅行商问题（TSP）。对于输入规模为 n 个顶点的 TSP，甚至连运行时间为 $O(n^{100})$ 或 $O(n^{10\,000})$ 的算法也不可能解决。在缺少数学证明的情况下，我们怎么才能通过一个强有力的示例来说明这个猜想是正确的呢？过去 70 年里无数天才大脑殚精竭虑都无法想出有用的算法，为这个问题的难处理性积累了无数证据，但我们能不能做得更好？

5.1.1　通过转化创建一个案例

关键思路是说明如果存在一种多项式时间的算法可以解决 TSP，它不仅解决了一个难以解决的问题，而且随之可以解决数以千计的难题。

TSP 具有难处理性的累积证据

1. 选择一个相当大的计算性问题集合 C。

2. 证明 C 中的每个问题都可以转化为 TSP，如图 5.1 所示。[①]

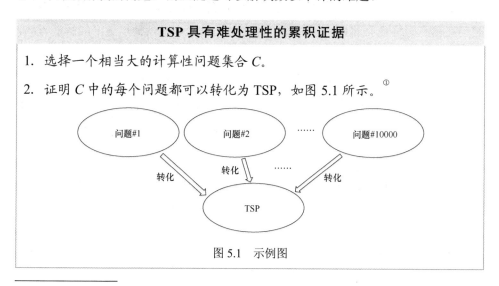

图 5.1　示例图

---

① 作为对第 1.5.1 节和第 4.1 节的回顾，从问题 A 到问题 B 的转化是在解决问题 A 时有种算法对解决问题 B 的子程序最多调用多项式数量（根据输入规模）的次数以及多项式时间的额外工作。这种类型的转化有时称为 Cook 转化（根据 Stephen Cook 所命名）或多项式时间的图灵转化（根据 Alan Turing 所命名）。在研究算法的时候，它是最值得花时间研究的。限制性更强的转化类型对于定义 "NP 完全问题" 是非常重要的，参见第 5.6 节。

因此，TSP 如果存在一种多项式时间的算法，那么集合 C 的每个问题也会自动存在一种类似的算法。换句话说，如果集合 C 中的每个问题都无法通过一种多项式时间的算法解决，那么 TSP 也不能。集合 C 越大，TSP 在多项式时间内无法解决的证据也就越强。

5.1.2　为 TSP 选择集合 C

为了尽可能强有力地否定 TSP 能够在多项式时间内解决的假设，那么为什么不一步到位，使 C 成为世界上所有计算性问题的集合呢？这种想法过于野心勃勃了。TSP 已经很难了，但还是有很多问题比它还要难得多。最极端的例子是不可判定问题，即计算机无法在任何有限的时间内解决的问题（即使指数级时间也不行，甚至指数的指数级时间也不行）。不可判定问题的一个著名例子是终止问题：对于一个程序（假设是一个数千行代码的 Python 程序），判断它是陷入了无限循环还是最终会终止。显而易见的方法是运行这个程序并观察结果。但是如果这个程序在一个世纪之后还未终止，我们怎么才能知道它是陷入了无限循环还是会在第二天终止？我们希望存在一种比对代码进行生硬模拟更好的智能方法，但遗憾的是这种方法一般来说并不存在。[①]

这样看来，TSP 似乎并不是特别糟糕，至少它能够在有限数量的时间（尽管是指数级）内通过穷举搜索来解决。我们没有办法把终止问题转化为 TSP，因为这样的转化如果存在，就意味着 TSP 的指数级时间算法也可以扩展到终止问题（即使像图灵这样的顶级天才也做不到）。

回到之前的讨论，可以想象的能够转化为 TSP 的计算性问题的最大集合 C

---

① 1936 年，Alan M. Turing 发表了论文"On Computable Numbers, with an Application to the Entscheidungs-problem"（*Proceedings of the London Mathematical Society*，1936 年）。我和其他很多计算机科学家都拜读了这篇计算机领域的开山之作，并深信图灵这个名字应该像阿尔伯特·爱因斯坦一样深入人心。这篇论文为什么如此重要？两个原因。首先，图灵引入了一个正式模型，说明了通用计算机可以做什么事情，这个模型现在称为图灵机。（提醒一下！这可是通用计算机实际发明的 10 年前所发表的论文！）其次，定义了计算机可以做什么之后，图灵就在研究它们不能做什么，并证明了终止问题是不可判定的。因此，从计算机诞生的第一天，计算机科学家们实际上就认识到计算机的限制，在处理计算性难题时会考虑必要的妥协。

是什么呢？从直觉上说，我们可以期望的最大集合是穷举搜索算法可以解决的其他所有类似问题的集合，然后证明在所有这类问题中，TSP 是最难的一个。是不是存在一种数学定义能表达这个思路呢？

*5.2　决策、搜索和优化

在定义"可以通过原始的穷举搜索解决的问题"（即 NP 复杂类）的集合之前，我们先对前面的内容进行回顾，并对以前看到的问题根据输入输出格式的不同类型进行分类。

三种类型的计算性问题

1. 决策问题。如果存在一种可行解决方案就输出"是"，否则输出"否"。

2. 搜索问题。如果存在一种可行解决方案就将其输出，否则输出"没有解决方案"。

3. 优化问题。输出一个具有最佳目标函数值的可行解决方案（如果不存在就输出"没有解决方案"）。

决策问题是三种应用中最为少见的，我们在本书中只看到一个实例，即有向汉密尔顿路径问题的原始描述，它的"可行解决方案"对应于是否存在 $s\text{--}t$ 汉密尔顿路径。搜索问题和优化问题都很常见。在第 4 章所研究的 19 个问题（参见图 4.1）中，有 6 个是搜索问题：3-SAT、SAT、图形着色、有向汉密尔顿路径（第 4.6 节的版本）、无向汉密尔顿路径和子集求和问题。其他 13 个问题都是优化问题。[①]"可行解决方案"的定义如可满足的真值指派、汉密尔顿路径或旅行商路线（也许是某条不超过某个总成本的路线）都是问题特定的。对于优化问题，目标函数如最低总成本或最大总价值等，也是问题特定的。

为了避免类型错误，复杂类通常只与一种类型的问题有关。我们把 NP 的定

---

① 为了把最短无环路径问题硬塞到优化问题的定义中，可以考虑它的一种变型：2 个顶点作为输入，输出为一条从第 1 个顶点到第 2 个顶点的最短无环路径。第 1.5.4 节的 NP 问题证明（辅助结论 1.1）也适用于这个版本的问题。

义限制在搜索问题。[①]不用担心 TSP 这样的优化问题没有用武之地：每个优化问题都有一个对应的搜索版本。搜索版本的输入也可以包含一个目标函数值 t，问题的目标就变成了找到一个值不小于 t（最大化问题）或不超过 t（最小化问题）的可行解决方案，或正确地报告不存在这样的解决方案。稍后将会看到，我们研究的几乎所有优化问题的搜索版本都可以归入 NP。[②]

*5.3　NP：具有容易识别的解决方案的问题

现在我们进入到讨论的核心。该如何定义"可以通过穷举搜索解决的"问题集合？这个集合的所有问题看上去都可以转化为 TSP。通过原始的穷举搜索解决一个问题时，哪些条件是必不可少的？

5.3.1　复杂类 NP 的定义

复杂类 NP 背后的基本思路是宣称的解决方案能够被高效识别。也就是说，如果有人递给我们一个万能银盘，宣称上面刻着一个问题实例的可行解决方案，我们可以快速验证它是否是一个真正可行的解决方案。例如，如果有人递给我们一个填好的数独题或聪明方格，很容易验证它们是否遵循了所有的规则。或者，如果有人提议了图的一个顶点序列，很容易验证它是否组成了一条旅行商路线。如果答案为是，也很容易验证这条路线的总成本是否不超过某个特定的目标 t。[③]

---

① 大多数图书根据决策问题来定义复杂类 NP。这对于开发复杂性理论是更为方便的，但后来自然算法问题的研究就不这样定义了。本书所使用的复杂类版本有时称为 FNP，其中 F 表示"函数的"。NP 问题的所有算法含义，包括 P≠NP 猜想的真假，不管在使用什么定义的情况下都是相同的。

② 优化问题的搜索版本可以直接转化为原始版本，不管一个最优解决方案是满足一个特定的目标函数值 t 还是不存在可行的解决方案。反过来的情况更为有趣：一个典型的优化问题可以通过对目标 t 进行二分搜索转化为它的搜索版本（参见问题 4.3）。这样的优化问题当且仅当它的搜索版本是多项式时间可解决时才是多项式时间可解决的。类似，当且仅当它的搜索版本是 NP 问题时，它才是 NP 问题。

③ NP 也可以等价地定义为可以由"非确定性图灵机"所定义的虚构计算模型有效解决的搜索问题。首字母缩写"NP"表示"非确定性多项式时间"（而不是"非多项式时间"!），现在就是这个定义。在算法的语境中，我们应该把 NP 问题看成具有可高效识别的解决方案的难题。

复杂类 NP

一个搜索问题当且仅当下面这两个条件成立时属于复杂类 NP：

1. 对于每个实例，每个候选解决方案的描述长度（例如以位为单位）的上界不超过输入规模的一个多项式函数；

2. 对于每个实例和每个候选解决方案，可以在输入规模的多项式时间内证实或否定宣称的解决方案的可行性。

5.3.2　NP 中的问题实例

NP 成员的入门需求是非常容易通过的，我们看到过的几乎所有搜索问题都满足条件。例如，TSP 的搜索版本就属于 NP 类：一条 n 个顶点的路线可以使用 $O(n \log n)$ 个位来描述，其中每个顶点大约可以用 $\log_2 n$ 个位来表示。根据一个顶点列表，很容易验证它们是否组成了一条成本不超过特定目标 t 的路线。3-SAT 问题（第 4.2 节）也属于 NP：描述一组 n 个布尔变量的真值指派需要 n 个位，检查一组真值指派是否满足每个特定的约束条件是非常简单的。类似，很容易验证一条提议的路径是否为汉密尔顿路径，一个提议的作业调度是否具有特定的完成工时，一个提议的顶点子集是否为独立子集、向量覆盖或一个特定大小的分团。

小测验 5.1

在图 4.1 所列出的 19 个问题中，有多少个问题的搜索版本属于 NP？

（a）16

（b）17

（c）18

（d）19

（关于正确答案和详细解释，参见第 5.3.6 节。）

5.3.3　NP 问题是可以通过穷举搜索解决的

我们首先把问题集合定义为能够由原始的穷举搜索所解决的问题,也就是能够转化为 TSP 的问题集合。但是,我们接着又把 NP 类定义为具有可高效识别的解决方案的搜索问题集合。它们之间有什么关联吗? NP 中的每个问题可以在指数级时间内使用原始的穷举搜索对候选解决方案逐个进行验证。

通用 NP 问题的穷举搜索

1. 对候选解决方案逐个进行列举:

　　如果当前的解决方案是可行的,就返回它。

2. 返回"没有解决方案"。

对于 NP 中的一个问题,候选解决方案需要 $O(n^d)$ 的位进行描述,其中 n 表示输入规模,d 是个常数(与 n 无关)。因此,可行解决方案的数量(因此也是循环的迭代次数)是 $2^{O(n^d)}$。[1]根据 NP 问题的第 2 个定义属性,循环的每次迭代都可以在多项式时间内完成。

因此,穷举搜索能够在"仅"相对于输入规模 n 的指数级时间内正确地解决问题。

5.3.4　NP 问题

复杂类 NP 的成员许可是极其宽松的。我们需要做的就是识别正确的解决方案,在看到一个解决方案时知道它是正确的。因此,NP 是一个巨大的搜索问题分类,捕捉了我们可能遇到的绝大多数问题。因此,如果 NP 中的每个问题都可以转化为问题 A(问题 A 至少和 NP 中的每个问题一样难),如果 A 存在一种多项式时间的算法,就会直接导致大量的这类 NP 问题也存在多项式时间的算法。

---

[1] 指数形式的大 O 表示法忽略了指数部分的常数因子(和低阶项)。例如,如果存在常量 c、$n_0 > 0$,使得对于所有的 $n \geqslant n_0$,均有 $T(n) \leqslant 2^{c\sqrt{n}}$,则函数 $T(n)$ 就是 $2^{O(\sqrt{n})}$。(其中 $T(n) = O(2^{\sqrt{n}})$ 表示对于所有的 $n \geqslant n_0$,均有 $T(n) \leqslant c \cdot 2^{\sqrt{n}}$。)

这就构成了难处理性在本质上的强证据，也正是 NP 问题的正式定义。

> ### NP 问题（正式定义）
>
> 如果 NP 中的每个问题都可以转化为一个计算性问题，那么这个计算性问题就是 NP 问题。

一旦我们正式定义了第 5.4 节的 P≠NP 猜想，将会看到在这种定义下属于 NP 问题的每个问题也满足第 1～4 章所使用的临时定义（第 1.3.7 节）。定义上的微小变化并不会影响前几章的结论。例如，Cook-Levin 定理（定理 4.1）说明了 3-SAT 问题根据这个正式定义仍然是 NP 问题（参见第 5.3.5 节），我们可以继续通过转化来扩展 NP 问题（问题 5.4）。因此，第 4 章所研究的 19 个问题在这个新定义下仍然都是 NP 问题。[①]

5.3.5 再论 Cook-Levin 定理

在第 4 章中，我们发自内心地信任 Cook-Levin 定理（定理 4.1），并把它融入证明 NP 问题的两步骤方案中。现在我们已经看到了所有必要的定义，可以准确地理解这个定理的描述：NP 中的每个问题都可以转化为 3-SAT 问题。这是如何成立的？3-SAT 问题看上去是如此简单，而 NP 类又是如此庞大。

证明的细节非常繁杂，但要点如下。[②]确定一个任意的 NP 问题 A，我们必须证明问题 A 可以转化为 3-SAT 问题。关于问题 A，我们只知道它满足 NP 问题的两个定义性需求：(i) 它的规模为 n 的实例的可行解决方案可以用不超过 $c_1 n^{d_1}$ 个位来描述；(ii) 它的规模为 n 的实例的宣称可行解决方案可以在 $c_2 n^{d_2}$ 的时间内进行验证（其中 c_1、c_2、d_1 和 d_2 都是常数）。通过验证问题 A 是检查一个宣称的解决方案的可行性的算法来说明。(ii) 中用于验证宣称解决方案可行性的算法用

---

① 如果阅读其他图书，读者可能会发现 NP 问题的一个更强有力的定义需要一种格式非常特定的转化，称为"Levin 转化"。（第 5.6.1 节对这种转化进行了定义，第 5.6.2 节使用这种转化来定义"NP 完全问题"。）在这个更加严格的定义下，只有搜索问题满足 NP 问题的定义。我们不再说"TSP 是 NP 问题"，而是说"搜索版本的 TSP 是 NP 问题"。本书使用了更宽松的定义，采用更通用的转化（Cook 转化），能更好地与"算法详解"系列图书各卷的算法观点保持一致。

② 如果想了解完整的证明，可以参考关于计算复杂性的任何教科书。

verify_A 来表示。

我们可以用一个能想象到的最简单转化来达到目的（第 4.4 节）。预处理过程的主要步骤是把一个具有或不具有可行解决方案的实例分别转化为一个可满足或不可满足的 3-SAT 实例，如图 5.2 所示。

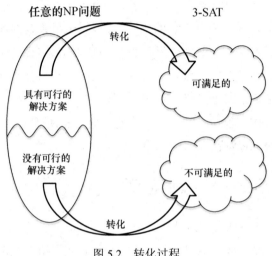

图 5.2 转化过程

预处理过程。根据一个规模为 n 的实例 I_A，预处理过程构建一个 3-SAT 实例 I_{3SAT}。

- 定义 $c_1 n^{d_1}$ 个解决方案变量。意图是用这些变量记录描述 I_A 的一个候选解决方案的位。

- 定义 $(c_2 n^{d_2})^2 = c_2^2 \cdot n^{2d_2}$ 个状态变量。意图是用这些变量对在 I_A 候选解决方案（由解决方案变量所编码）上执行 verify_A 算法的结果进行编码。

- 定义约束条件，强制执行状态变量的语义。一个典型的约束条件断言："在 $i+1$ 步之后，内存的第 j 位与第 i 步之后的相关内存的内容、给定实例 I_A、由解决方案变量所编码的 I_A 候选解决方案以及 verify_A 算法的编码保持一致。"

- 定义约束条件，保证由状态变量所编码的计算过程以一个对解决方案变量所编码的候选解决方案的可行性断言而结束。

为什么需要 $(c_2 n^{d_2})^2$ 个状态变量？verify_A 算法最多执行 $c_2 n^{d_2}$ 个基本操作。假设在一个计算模型中，每个操作可以访问一个内存位，因此最多访问 $c_2 n^{d_2}$ 个内存位。因此，它的完整计算过程可以用一个 $c_2 n^{d_2} \times c_2 n^{d_2}$ 的表进行总结（或多或少），其中的行对应于第 i 步，列对应于内存的第 j 位。因此，每个状态变量表示了计算过程中一个内存位在某一时刻的内容。[①]

一致性约束条件看上去有点复杂。但是由于一个算法（例如一个图灵机）的一个步骤是非常简单的，因此每个逻辑约束条件都可以用少量的 3 文字析取式来实现（细节依赖于确切的计算模型）。最终结果是一个 3-SAT 实例 $I_{3\text{SAT}}$，它具有多项式数量（相对于 n）的变量和约束条件。

后处理过程。如果假定的子程序返回预处理过程所构建的 3-SAT 实例 $I_{3\text{SAT}}$ 的一组可满足真值指派，那么后处理过程就返回通过解决方案变量的赋值来对 I_A 进行编码的候选解决方案。如果假定的子程序表示 $I_{3\text{SAT}}$ 是不可满足的，那么后处理过程就报告 I_A 没有可行的解决方案。

正确性规划。定义这个虚构的 3-SAT 实例 $I_{3\text{SAT}}$ 的约束条件是为了让可满足的真值指派对应于特定实例 I_A 的可行解决方案（由解决方案变量所表示）以及由 verify_A 算法所执行的支持验证（由状态变量所表示）。因此，如果 I_A 没有可行的解决方案，那么实例 $I_{3\text{SAT}}$ 肯定也是不可满足的。反之，如果 I_A 存在一个可行的解决方案，那么 $I_{3\text{SAT}}$ 肯定也存在一组可满足的真值指派。因此，3-SAT 的假定子程序肯定能计算出一组这样的真值指派，并由后处理过程转化为 I_A 的一个可行解决方案。

5.3.6　小测验 5.1 的答案

正确答案：（c）。有什么例外吗？影响最大化问题。计算一条特定路线的总成本或一个特定调度的完成工时是相当简单的，而一组 k 个顶点的特定子集的影响被定义为指数级项数的期望值（参见式（2.10）和小测验 2.6 的答案。）由于不

---

① 这里还有一些额外的细节，取决于所使用的确切计算模型以及"基本操作"的定义。最简单的方法是使用一个图灵机，在这种情况下，在每个步骤中都需要另一批布尔变量对图灵机的当前内部状态进行编码。这个证明对于所有合理的计算模型都是成立的。

清楚如何在多项式时间内对影响最大化问题的目标函数进行求值,因此这个问题
的搜索版本并不是很明显属于 NP。

*5.4　P≠NP 猜想

回顾第 1.3.5 节,我们非正式地定义了 P≠NP 猜想:检查一个问题的宣称解
决方案在本质上要比从头设计解决方案容易得多。现在,是时候对这个猜想进行
正式的陈述了。

5.4.1　多项式时间可解决的 NP 问题

NP 中有些问题是可以在多项式时间内解决的,例如 2-SAT 问题(问题 3.12)
和最小生成树问题的搜索版本(第 1.1.1 节)。复杂类 P 被定义为所有这些问题的
集合。

复杂类 P
一个搜索问题当且仅当它属于 NP 并且可以用一种多项式时间的算法解决时属于复杂类 P。

根据定义,P 中的每个问题也属于 NP:

$$P \subseteq NP$$

5.4.2　P≠NP 猜想的正式定义

现在猜到 P≠NP 猜想的正式定义已经没有奖励了,P 是 NP 的一个严格子集:

P≠NP 猜想(正式版本)
$$P \subsetneq NP$$

P 和 NP 的关系如图 5.3 所示。

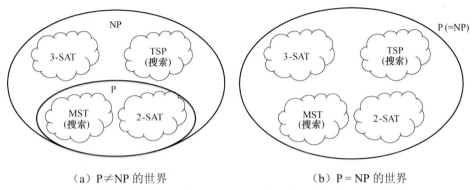

（a）P≠NP 的世界   （b）P＝NP 的世界

图 5.3　P 和 NP 的关系

P≠NP 猜想断言，一个具有可高效识别的解决方案的搜索问题（NP 问题）无法由任何多项式时间的算法所解决。对于这个问题而言，对所有宣称的可行解决方案进行验证是容易的，但从头设计这个问题的解决方案是困难的。如果这个猜想不成立即 P＝NP，那么可行解决方案的高效识别就会导致可行解决方案的高效生成（当它们存在时）。

NP 问题 A 如果存在一个多项式时间的算法，将会直接导致每个 NP 问题都有一个这样的算法，因为 NP 中的每个问题都可以转化为 A，因此可处理性从 A 扩展到所有的 NP 问题，这就证明了 P＝NP 并否定了 P≠NP 猜想。因此，第 1.3.7 节 NP 问题的临时定义是第 5.3.4 节的正式定义的逻辑结果。

NP 问题的结果

如果 P≠NP 猜想是正确的，那么没有任何 NP 问题可以由一种多项式时间的算法所解决。

5.4.3　P≠NP 猜想的状态

P≠NP 猜想很可能是计算机科学领域中最重要的开放问题，也是数学领域最难解的问题之一。例如，解答这个猜想是美国克雷数学研究所于 2000 年提出的 7 个"千年问题"之一。答出这 7 个问题的任何一个就可以领取 100 万美元的奖金。[1][2]

大多数专家相信 P≠NP 猜想是正确的（传奇的逻辑学家库特·哥德尔在 1956 年写给另一位更具传奇的人物约翰·冯·诺依曼的一封信上提出了一种与 P = NP 等价的说法。）为什么？对于初学者来说，人们渴望的是发现快速算法。如果 NP 中的每个问题确实都能通过一种快速算法来解决，那么为什么那些才华横溢的工程师和科学家没能发现一个这样的算法呢？同时，描述算法限制的证明还是太过稀少。如果 P⊊NP，就不会意外我们至今还没有想出办法来证明它。

其次，我们怎么才能让这个世界适应 P = NP 这个结论呢？根据直接经验，我们都"知道"，检查其他人的工作（例如一个数字证明）的任务相比于在大量的候选答案中搜索自己的解决方案，不仅需要的时间要少得多，而且需要的创造性也少得多。但 P = NP 却表示这种创造性是可以有效地自动产生的。例如，至少从原则上说，费马最后定理的证明可以用一种证明长度为多项式时间的算法来实现！[3]

作为数字命题，如何看待那些支持或否定 P≠NP 猜想的数字证据呢？事实上，我们对此知之甚少。看上去似乎很奇怪，竟然没人能够证明这个看上去很显然的命题。令人生畏的障碍在于多项式时间的算法范围之广令人咋舌。如果矩阵乘法的"显而易见的"的立方级时间下界也是不正确的（如"算法详解"系列图书第 1 卷的 Strassen 算法所示），那么谁能断定其他外来"物种"不能突破包括 NP 问题在内的其他"显而易见"的下界呢？

---

[1] 其他 6 个问题：黎曼猜想、纳维尔-斯托克斯方程、庞加莱猜想、霍奇猜想、贝赫和斯维纳通-戴尔猜想、杨-米尔斯存在性与质量间隙问题。在本书写作之时（2020 年），只有庞加莱猜想被解答（Grigori Perelman 于 2006 年解答，因拒绝领取奖金而名闻一时）。

[2] 尽管 100 万美元不是个小数目，但它还是小看了解决类似 P ≠ NP 猜想这样的问题所需要的人类知识进步所体现的重要性和价值。

[3] P = NP 所产生的影响取决于所有的 NP 问题是可以由实际上够快的算法所解决，还是只能由理论上是多项式时间但实际上过于缓慢或难以实现的算法所解决。第一种也是更令人难以置信的情况会对社会产生巨大的影响，包括密码学和现代电子商务的终结。关于这种可能性对一般受众的影响，可以参见 Lance Fortnow 的著作 *A Golden Ticket*（Princeton University Press，2013 年）。第二个场景正如 Donald E. Knuth 本人所推测的那样，并不会产生实际的影响。反之，它说明了"多项式时间可解决"这个数学定义太过宽泛，难以捕捉"在现实世界里可以由一种快速算法所解决"这个含义。

谁的说法是正确的呢？是 Godel 还是 Edmonds？我们希望，随着时间的推移，不管采用什么方法，我们能够进一步靠近 P≠NP 猜想的真相。然而，随着这个问题被越来越多的数学方法证明了不相等性，事实的真相似乎离我们越来越远了。我们不得不接受一个现实，就是我们可能在很长时间内都无法知道答案，有可能需要几年，也可能是几十年，甚至可能是几个世纪。[1]

*5.5　指数级时间假设

5.5.1　NP 问题需要指数级的时间吗？

NP 问题一般可以归类为在最坏情况下需要指数级时间才能解决的问题（第 1.6 节的第 3 种可接受的不准确说法）。但是，P≠NP 猜想并未如此断言。即使这是真的，仍然存在 n 个顶点的 TSP 实例能够在 $O^{(\log n)}$ 或 $2^{O(\sqrt{n})}$ 时间内解决这样的 NP 问题。NP 问题需要指数级时间这个被普遍接受的"信仰"可以用指数级时间假设（ETH）[2]来表示。

指数级时间假设（ETH）
存在一个常数 $c > 1$：解决 3-SAT 问题的每个算法在最坏情况下至少需要 c^n 的时间，其中 n 表示变量的数量。

ETH 并没有排除 3-SAT 问题存在优于穷举搜索的算法（运行时间与 2^n 成正比），这绝非偶然：问题 3.13 说明了这个问题存在一种快得多的算法（仍然是指数级的）。但是，所有已知的 3-SAT 算法都需要 c^n 的时间（$c>1$）（当前的记录是 $c≈1.308$）。ETH 认为这是不可避免的。

---

[1]　关于这个猜想的更广语境和当前状态，可以参阅 Scott Aaronson 的著作 *Open Problems in Mathematics* 的"P $\overset{?}{=}$ NP"一章（Springer，2016 年）。

[2]　每个 NP 问题都需要指数级时间这个更强的命题是错误的。参见问题 5.5 中一个人为的 NP 问题能够在亚指数级的时间内解决。

我们可以通过转化来说明，如果 ETH 是正确的，那么许多其他自然的 NP 问题也需要指数级的时间。例如，ETH 提示了存在一个常数 $a > 1$，第 4 章中所有的 NP 图难题的每种算法在最坏情况下至少需要 a^n 的时间，其中 n 表示顶点的数量。

5.5.2 强指数级时间假设（SETH）

指数级时间假设是一个比 P≠NP 猜想更强的假设：如果前者是正确的，那么后者肯定也是正确的。更强的假设能够产生更强的结论。遗憾的是，它们也可能都是错误的（见图 5.4）！但大多数专家相信 ETH 是正确的。

图 5.4　与 NP 问题在计算上的难处理性有关的 3 个未证明猜想，按照从最强（可能性最低）到最弱（可能性最高）排列

接下来介绍一个更强的假设。它更具争议，但具有非常显著的算法意义。还有什么比"NP 问题需要指数级时间"这个猜想更强的假设呢？假设这个问题不存在一种比穷举搜索明显更快的算法。对于 3-SAT 问题，这肯定是不正确的（根据问题 3.13）。对于一个不同的问题会不会也是这样？我们不需要看得太远。基本的 SAT 问题，如果对每个约束条件的析取式文字数量没有限制，就是一个很可能的候选者。

k-SAT 问题的普遍性（以及随之带来的难度）并不会随着 k（每个约束条件的最大文字数量）的变小而减少。问题的难度是不是严格地随 k 的增大而增大？例如，问题 3.13 中的随机化 3-SAT 问题可以扩展为任意正整数 k 的 k-SAT 问题，但它的运行时间随着 k 的增大反而变小，大致为 $\left(2 - \dfrac{2}{k}\right)^n$，其中 n 表示变量的数量。随着 k 的增加而运行时间趋向于下降至 2^n 适合所有已知的 k-SAT 问题。这是必然的吗？

强指数级时间假设（SETH）

对于每个常数 $c < 2$，存在一个正整数 k，满足：解决 k-SAT 问题的每个算法在最坏情况下至少需要 c^n 的时间，其中 n 表示变量的数量。[①]

如果能否定 SETH，那么在可满足性算法上可以实现一个理论上的重大突破，从而可以实现整个系列的 k-SAT 算法（每个正整数 k 均有一个算法），它们的运行时间能够达到 $O((2-\epsilon)^n)$，其中 $\epsilon > 0$ 是个常数（与 k 和 n 无关，类似 0.01 或 0.001 这样）。这样的突破可能发生在不久的未来，也可能不会。专家们对于 SETH 的看法是有分歧的。不管怎么说，所有人都做好了这个猜想随时会被证明为错误的准备。[②]

5.5.3 容易问题的运行时间下界

为什么要介绍一个如此强势但又很可能是错误的猜想呢？因为 SETH 这个关于 NP 问题的难处理性的猜想对于多项式时间可解决的问题具有极其重大的算法意义。[③]

1. 从 SETH 到序列对齐

在"算法详解"系列图书的前 3 卷中，我们向往的是快速算法，追求的神圣目标是速度炫目的线性或近似线性时间的算法。对于一些问题，我们实现了这个目标（尤其是在第 1 卷和第 2 卷），但对于一些其他问题（尤其是在第 3 卷），我们的预期有所降低。例如，对于序列对齐问题（参见第 1.5.2 节和"算法详解"系列图书第 3 卷的第 5 章），我们满足于 NW（Needleman-Wunsch）动态规划算法所实现的 $O(n^2)$ 的运行时间，其中 n 表示两个输入字符串中那个较长字符串的长度。

我们能不能做得比这个平方时间级的序列对齐算法更好？或者有没有明确

---

① 尽管并不是非常显而易见，但 SETH 如果成立，那么 ETH 也是成立的。

② ETH 和 SETH 是由 Russell Impagliazzo 和 Ramamohan Paturi 在他们的论文 "On the Complexity of k -SAT"（*Journal of Computer and System Sciences*，2001 年）中明确表达的。

③ ETH 还有一些有趣的算法结果是 P≠NP 猜想所不具备的。例如，如果 ETH 是正确的，那么许多 NP 问题和参数选择就不允许固定参数的算法。

的证据说明无法做得更好？与多项式时间内无法解决的 NP 问题有关的理论看上去与这个问题并没有什么关系。但是，计算复杂性理论的一个相对较新的领域称为细粒度复杂性，说明了 NP 问题的困难假设（类似 SETH）可以有意义地转化为多项式时间可解决的问题。[1]例如，序列对齐问题的一种优于平方时间的算法会为所有 k 的 k-SAT 问题生成一种优于穷举搜索的算法！[2]

事实 5.1（**SETH 说明了 NW 在本质上是最优的**）　对于每个常数 $\epsilon > 0$，序列对齐问题如果存在一种 $O(n^{2-\epsilon})$ 时间级的算法（其中 n 是那个较长的输入字符串的长度）就否定了 SETH。

换句话说，对 NW 算法的运行时间进行改进的唯一途径是在 SAT 问题上取得重大进展！这就是两个看上去完全不同的问题之间令人目瞪口呆的联系。

2. 指数级增长的转化

与第 4 章的所有 NP 问题的证明相似，事实 5.1 也可以归结为转化。实际上，对于每个正整数 k 的一种转化，k-SAT 扮演了已知难题的角色，序列对齐扮演了目标问题的角色，如图 5.5 所示。

但是，我们怎么才能在不否定 P≠NP 猜想的前提下把一个 NP 问题转化为一个多项式时间可解决的问题呢？事实 5.1 背后的每个转化都使用了一个预处理过程，把一个 n 个变量的 k-SAT 实例转化为一个规模达到

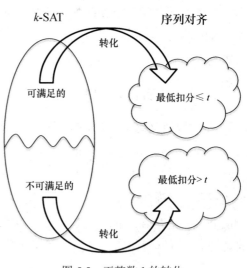

图 5.5　正整数 k 的转化

---

[1]　如果想深入探索这个话题，可以参考 Virginia Vassilevska Williams 的研究 "On Some Fine-Grained Questions in Algorithms and Complexity"（*Proceedings of the International Congress of Mathematicians*，2018 年）。

[2]　这个结果出现在论文 "Edit Distance Cannot Be Computed in Strongly Subquadratic Time (Unless SETH Is False)" 中，作者 Arturs Backurs 和 Piotr Indyk。

指数级的序列对齐实例，输入字符串的长度大致为 $2^{n/2}$ 级别。[①]这个转化也保证了这个虚构的实例当且仅当特定的 k-SAT 实例是可满足的情况下才存在一种总扣分不超过一个虚构目标 t 的对齐方式，后处理过程可以很容易地从一种总扣分不超过 t 的可满足对齐方式中提取一组可满足的真值指派。

为什么增长数量会高达 $N \approx 2^{n/2}$？因为这个数值使序列对齐问题的前沿算法（动态规划）和 k-SAT 问题的算法（穷举搜索）的运行时间得以匹配。用一种 $O(N^2)$ 时间级的序列对齐算法来合成这个转化只会导致一种运行时间约为 2^n 的 k-SAT 算法，与穷举搜索相同。由于相同的原因，假设存在一个 $O(N^{1.99})$ 时间级的序列对齐子程序，就会自动产生（对于每个 k）一种算法，它能够在大约 $O((2^{n/2})^{1.99}) = O((1.9931)^n)$ 的时间内解决 k-SAT 问题。由于这个指数的底数小于 2（对于所有的 k），因此这个算法就否定了 SETH。[②]

*5.6　NP 完全问题

为了解决 NP 中的每个问题，3-SAT 这类 NP 问题的一个多项式时间级的子程序就是我们所需要的，即每个问题具有高效可识别的解决方案（在多项式时间内）。但还有一种更积极的说法是正确的：NP 中的每个问题都是 3-SAT 问题的一种稍加掩饰的特殊情况。换句话说，3-SAT 问题在 NP 问题中具有普遍性，可以用于表达 NP 中的每个问题！这就是"NP 完全问题"的含义。从这个意义上说，第 4 章所研究的几乎所有问题的搜索版本都是 NP 完全问题。

5.6.1　Levin 转化

搜索问题 A 是另一个搜索问题 B 的"稍加掩饰的特殊情况"这个思路可以通过一种具有严格限制的转化来表达，这种转化称为 Levin 转化。与第 4.4 节所介绍的"可想象的最简单转化"相似，Levin 转化只有 3 个不可避免的步骤：在一个预处理步骤中把 A 的一个特定实例转化为 B 的一个实例；调用 B 的假定子

---

① 这种指数级的增长对于从独立子集问题到子集求和问题的转化是必不可少的。

② 问题 5.7 针对图直径的计算问题规划了这种类型的一个简单转化。

程序；在一个后处理步骤中把子程序所返回的可行解决方案（如果存在）转化为 A 的特定实例的一个可行解决方案，如图 5.6 所示。[①②]

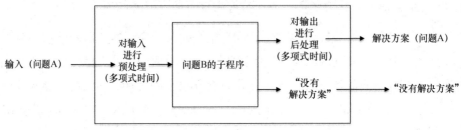

图 5.6　Levin 转化

> ### 从 A 到 B 的 Levin 转化
>
> 1. 预处理过程：给定问题 A 的一个实例 I，在多项式时间内把它转化为问题 B 的一个实例 I'。
>
> 2. 子程序：根据 I' 的输入调用 B 的假定子程序。
>
> 3. 后处理过程（可行的情况）：如果子程序返回 I' 的一个可行解决方案，就在多项式时间内把它转化为 I 的一个可行解决方案。
>
> 4. 后处理过程（不可行的情况）：如果子程序返回"没有解决方案"，就返回"没有解决方案"。

在本书中，我们只使用了 Levin 转化，并没有发挥更基本的（Cook）转化的威力。定理 4.3 从 3-SAT 问题到有向汉密尔顿路径问题的转化就是一个经典的例子：给定一个特定的 3-SAT 实例，预处理过程构建一个有向图，并把它输入给一个子程序，后者计算一条 $s\text{-}t$ 汉密尔顿路径。如果子程序返回一条这样的路径，

---

① Levin 转化遵循了第 4.4 节的模板，另外的要求还包括：（i）两个问题都必须是搜索问题；（ii）当且仅当假定的子程序返回"没有解决方案"时，后处理过程才要求做出"没有解决方案"的响应。

② 如果 A 和 B 都是决策（是或否）问题而不是搜索问题，就不需要后处理过程，B 的子程序所返回的是或否答案不用修改就可以作为最终的输出。作用于决策问题的 Levin 转化还有一些其他名称：Karp 转化、多项式时间的多对一转化以及多项式时间的映射转化。

后处理过程就从中提取一组可满足的真值指派。[①]

5.6.2　NP 中最难的问题

问题 B 如果存在一种多项式时间的算法，就能够在多项式时间内解决所有的 NP 问题，即对于 NP 中的每个问题 A，都存在从 A 到 B 的 Cook 转化，那么问题 B 就是 NP 问题。为了有资格成为"NP 完全问题"，问题 B 还必须属于 NP 类，并以稍加掩饰的特殊情况的形式包含了其他所有 NP 问题。

NP 完全问题

一个计算性问题 B 如果满足下列条件，它就是 NP 完全问题。

1. 对于 NP 中的每个问题 A，存在一个从 A 到 B 的 Levin 转化。

2. B 是 NP 类的一个成员。

由于 Levin 转化是一种特殊情况的 Cook 转化，因此每个 NP 完全问题自动也是 NP 问题。[②]在 NP 的所有问题中，NP 完全问题是最难的。每个 NP 完全问题可以用高效可识别的解决方案同时对所有的搜索问题进行表达。[③]

5.6.3　NP 完全问题的存在

NP 完全问题这个定义有多酷？一个具有高效可识别解决方案的搜索问题可以同时对所有这类搜索问题进行表达？如果这样的问题确实存在，那么实在是令人惊叹！

但是稍等一下……我们实际上还没有看到 NP 完全问题的任何实例。是不是

---

① 第 4 章的另外 3 个主要转化（定理 4.2、定理 4.4 和定理 4.5）只要把源问题中的优化问题由它的搜索版本代替就可以变为 Levin 转化（可以进行验证）。例如，从无向汉密尔顿路径问题到 TSP 的转化（定理 4.4）只要求 TSP 的搜索版的子程序（用于检测是否存在一条零成本的路线）。

② 由于第 2 个条件，所以只有搜索问题适用于 NP 完全问题。例如，TSP 是 NP 问题但不是 NP 完全问题，而它的搜索版本既是 NP 问题又是 NP 完全问题。

③ 大多数图书使用决策（而不是搜索）问题和 Karp（而不是 Levin）转化来定义 NP 完全问题。NP 完全问题的解释和算法含义用这两种方法来表达都是相同的。

存在这样的问题？真的存在一个这样的"普遍"搜索问题？是的，Cook-Levin
定理已经证明了这一点！理由是它的证明（第 5.3.5 节）只使用了一个 Levin 转
化，也就是使用一个预处理过程把一个任意的 NP 问题的实例转化为一个 3-SAT
实例，并使用一个后处理过程从可满足的真值指派提取可行的解决方案。由于
3-SAT 问题也是 NP 的一个成员，因此它成功地通过了 NP 完全问题的两个资格
考验。

定理 5.1（**Cook-Levin 定理（更强版本）**）　3-SAT 问题是 NP 完全问题。

从头开始证明一个问题是 NP 完全问题是一个艰苦的任务，Cook 和 Levin
能够获得重大奖项可不是没有原因的。但是，我们确实不需要再次完成这项艰苦
的工作。就像 Cook 转化能够把 NP 问题从一个问题扩展到另一个问题一样，Levin
转化也可以用来扩展 NP 完全问题（问题 5.4），如图 5.7 所示。

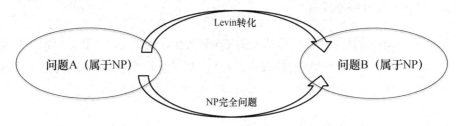

图 5.7　用 Levin 转化来扩展 NP 完全问题

因此，为了证明一个问题是 NP 完全问题，只要遵循下面的 3 步骤方案（第
3 个步骤用于检查这个问题确实属于 NP）：

如何证明一个问题是 NP 完全问题
为了证明问题 B 是 NP 完全问题：
1.　证明 B 是 NP 类的一个成员；
2.　选择一个 NP 完全问题 A;
3.　证明存在一个从 A 到 B 的 Levin 转化。

这个方案已经被多次应用。作为其结果，我们现在知道数以千计的自然问题
都是 NP 完全问题，包括跨越工程、生命科学和社会科学等诸多领域的问题。例

如，第 4 章所研究的几乎所有问题的搜索版本都是 NP 完全问题（问题 5.3）。[①]
Garey 和 Johnson 的经典作品列出了数百个这样的问题。[②]

5.7 本章要点

- 为了找到一个问题的难处理性的证据，可以证明其他看上去很困难的问题可以转化为它。

- 在搜索问题中，目标是输出一个可行的解决方案，或推断不存在这样的解决方案。

- NP 就是可行解决方案具有多项式长度并且可以在多项式时间内进行验证的所有搜索问题的集合。

- 如果 NP 中的每个问题都可以转化为一个问题，那么这个问题就是 NP 问题。

- P 是可以由一种多项式时间的算法解决的所有 NP 问题的集合。

- P≠NP 猜想断言 P⊊NP。

- 指数级时间假设（ETH）断言：像 3-SAT 问题这样的自然 NP 问题需要指数级的时间。

[①] 有什么例外？影响最大化问题，它的搜索版本显然不属于 NP 类（参见小测验 5.1 的答案）。

[②] "NP 完全问题"这个令人"绝望"的神秘术语对于它所定义的基本概念来说是帮了倒忙，它其实值得更多的赞赏和感叹！但是，科学家们在这个名字上已经倾注了太多的思维，正如 Donald E. Knuth 的著作"A Terminological Proposal"（*SIGACT News*，1974 年）所记录的那样。Knuth 对于什么是"NP 完全问题"一开始的说法是"困难无比的""令人敬畏的"和"艰苦费劲的"。其他的书面说法包括"难以煮透的"（hard-boiled）（Kenneth Steiglitz，做为对 Cook 的致敬，因为 cook 在英文里是厨师的意思）、"hard-ass（狠角色）"（Albert R. Meyer，宣称这是 hard as satisfiability 的缩写）。同时，Shen Lin 建议把"PET"作为一个灵活缩写。只要 P≠NP 猜想仍悬而未决，它就表示"很可能（Probably）是指数级时间"。如果这个猜想被证明是正确的，它就表示"被证明为（Proven）指数级时间"。如果这个猜想被证否，它就表示"以前（Previous）是指数级时间"。当然，现在不是拿出问题 5.5 来抬杠的时候……

- 强指数级时间假设（SETH）断言：当 k 变大时，k-SAT 问题不存在明显优于穷举搜索的算法。

- 如果 SETH 是正确的，序列对齐问题不存在明显优于 Needleman-Wunsch 算法的算法。

- Levin 转化实现了可以想象的最少工作：对输入进行预处理；调用假定的子程序；对输出进行后处理。

- 如果问题 B 属于 NP 类，并且对于每个问题 $A \in NP$，都存在一个从 A 到 B 的 Levin 转化，那么问题 B 就是 NP 完全问题。

- 为了证明问题 B 是 NP 完全问题，遵循下面的 3 步骤方案：（i）证明 $B \in NP$；（ii）选择一个 NP 完全问题 A；（iii）设计一个从 A 到 B 的 Levin 转化。

- Cook-Levin 定理证明了 3-SAT 问题是 NP 完全问题。

5.8 章末习题

问题 5.1 （S）根据目前的知识状态，下列说法哪些是正确的？（选择所有正确的答案。）

（a）存在能够在多项式时间内解决的 NP 问题。

（b）$P \neq NP$ 猜想是正确的，并且 3-SAT 问题可以在 $2^{O(\sqrt{n})}$ 的时间内解决，其中 n 表示变量的数量。

（c）没有 NP 问题可以在 $2^{O(\sqrt{n})}$ 的时间内解决，其中 n 表示输入规模。

（d）有些 NP 完全问题是多项式时间可解决的，有些不是多项式时间可解决的。

问题 5.2 （S）证明 Edmonds 于 1967 年提出的猜想，即 TSP（的优化版本）不能由任何多项式时间的算法所解决这个猜想等价于 $P \neq NP$ 猜想。

问题 5.3 （S）第 4.3.2 节所列出的 18 个转化有哪些可以轻易地转换为对应问题的搜索版本之间的 Levin 转化？

挑战题

问题 5.4 （H）这个问题正式证实了第 4.1 节和第 5.6.3 节分别证明一个问题是 NP 问题和 NP 完全问题的方案。

（a）证明如果问题 A 可以转化为问题 B 并且问题 B 可以转化为问题 C，则 A 也可以转化为 C。

（b）说明如果一个 NP 问题可以转化为问题 B，则 B 也是 NP 问题。（使用第 5.3.4 节 NP 问题的正式定义。）

（c）证明如果存在从问题 A 到问题 B 以及从问题 B 到问题 C 的 Levin 转化，则存在从问题 A 到问题 C 的 Levin 转化。

（d）说明如果问题 B 属于 NP，并且存在从一个 NP 完全问题到 B 的 Levin 转化，则 B 也是 NP 完全问题。

问题 5.5 （S）如果一个 3-SAT 问题的约束条件列表最终存在单文字约束条件 "x_1" 的 n^2 份冗余副本（其中 n 表示布尔变量的数量，x_1 是这些变量中的第 1 个），那么这个 3-SAT 就被认为是填满的（padded）。

在填满的 3-SAT 问题中，其输入与 3-SAT 问题相同。如果给定的 3-SAT 实例并没有被填满或者是不可满足的，其目标就是返回"没有解决方案"。否则，其目标就是返回这个（填满）实例的一组可满足真值指派。

（a）证明填满的 3-SAT 问题是 NP 问题（甚至是 NP 完全问题）。

（b）证明填满的 3-SAT 问题可以在亚指数级时间内解决，即对于规模为 N 的输入，可以在 $2^{O(\sqrt{n})}$ 的时间内解决。

问题 5.6 （H）假设指数级时间假设是正确的。证明 NP 中存在一个问题，它既不是多项式时间可解决的，也不是 NP 问题。[①]

问题 5.7 （H）无向图 $G = (V, E)$ 的直径是图中任意两个顶点之间的所有最

---

① 一个著名的并且更难被证明的结论称为 Ladner 定理，它说明了只要更弱的 P≠NP 猜想是正确的，那么这个结论就仍然成立。

短路径中最长那条的长度：$\max_{v,w \in V} \text{dist}(v, w)$，其中 dist (v, w) 表示 G 中一条 v–w 路径的最少边数（如果不存在这样的路径，则为 $+\infty$）。

（a）解释如何在 $O(mn)$ 的时间内计算图的直径，其中 n 和 m 分别表示 G 中顶点和边的数量。（可以假设 n 和 m 至少是 1。）

（b）假设强指数级时间假设是正确的。证明对于每个常数 $\epsilon > 0$，不存在 $O((mn)^{1-\epsilon})$ 时间级的算法能够计算出图的直径。

第 6 章 ⟵

案例研究：FCC 激励拍卖

NP 问题并不是一个纯粹的学术概念。在解决现实世界的问题时，它实际上在计算性问题的可行选项范围上占据了支配地位。本章以一个高风险的经济问题：一种稀缺资源（无线频谱）的高效重新分配为例，详细阐述了 NP 问题的重要性。这个解决方案是由美国政府所部署的，称为 FCC 激励拍卖，其中所涉及的算法工具箱范围之广令人惊叹。当我们深入它的细节时，可以花些时间欣赏自"算法详解"系列图书第 1 卷第 1 章的 Karatsuba 乘法和 MergeSort 算法以来所体会的算法神秘之处，领悟那些突兀的神秘"杂音"和看似毫无关联的技巧是如何环环相扣、形成算法设计技巧的一曲"协奏交响乐"的。[①]

6.1 无线频谱再利用

6.1.1 从电视到移动电话

20 世纪 50 年代，电视在美国以星火燎原之势得到普及。在那个年代，电视

[①] 如果想要通过首席设计师 Kevin Leyton-Brown、Paul Milgrom 和 Ilya Segal 更多地了解 FCC 激励拍卖，可以深入阅读他们的论文 "Economics and Computer Science of a Radio Spectrum Reallocation"（*Proceedings of the National Academy of Sciences*，2017 年）。如果想要深入了解拍卖和算法之间的关系，可以参阅我的作品 "Twenty Lectures on Algorithmic Game Theory"（Cambridge University Press，2016 年）。

节目完全是通过无线电波在空中传播的，由电视台的发射器发送并由电视的天线接收。为了协调电视台的信号传输，防止相互干扰，美国联邦通信委员会（FCC）把可用的频率即频谱划分为以 6 兆赫兹（MHz）为单位的区段，称为频道。同一个城市的不同电视台应该用不同的频道进行广播。例如，"14 频道"表示 470 MHz 与 476 MHz 之间的频率，"15 频道"表示 476 MHz 与 482 MHz 之间的频率，接下来依此类推。①

知道还有什么东西是在空中通过无线电波传播的吗？手机和最近的基站进行的所有数据交换。例如，在 2020 年如果选择了 Verizon Wireless 作为运营商，那么下载和上传数据很可能分别是通过 746 MHz～756 MHz 以及 777 MHz～787MHz 的频率进行的。为了避免干扰，为蜂窝数据所保留的频谱区段并不会与为地面电视（通过无线电波传输信号）所保留的区段重叠。

移动和无线数据的使用在 21 世纪得到了爆炸性的发展，当前的数据量较之五年前大约要高出一个数量级。需要传输的数据越多，那么需要的专用频率也就越多，而且并不是所有的频率都可以用于无线通信。例如，在电力有限的情况下，非常高的频率只能在短距离内传输信号。无线频谱是一种稀缺资源，现代科技对无线频谱的需求可以说是如饥似渴。

电视的用户数量可能仍然非常庞大，但地面电视已经风光不再。85%～90%的美国家庭已经完全抛弃了地面电视而选择了有线电视（不需要使用空中的频率）或卫星电视（所使用的频率要比普通的无线应用高很多）。把最有价值的无线频谱资产保留给通过空中的无线电波传输信号的电视在 20 世纪中期是合理的，但在 21 世纪早期却不再合适。

6.1.2 无线频谱的一次最近重分配

在本书写作之时，无线频谱的一次主要的重新分配几乎已经完成。自 2020 年 7 月 13 日起，美国不再有任何电视台通过曾经的最高频道即 38～51（614 MHz～

---

① 超高频率（UHF）频道从 470 MHz 开始每 6 MHz 的区段为一个频道。极高频率（VHF）频道则使用更低的频率 174 MHz～216 MHz（用于频道 7～13）和 54 MHz～88 MHz（用于频道 2～6，另外还有 4 MHz 用于像车库门遥控开关这样的杂类用途）。

698 MHz）之间的 14 个频道从空中进行无线广播。以前通过这些频道进行广播的电视台要么切换到更低的频道，要么停止所有的地面播送（但仍然可以通过有线或卫星电视进行广播）。甚至那些已经在低于 38 的频道上进行广播的电视台也不再进行空中广播或者迁移到不同的频道，给那些从更高频道降级的同行留出空间。总共有 175 家电视台放弃了它们的广播执照，大约有 1000 家切换了频道。[①]

被解放出来的 84 MHz 的无线频谱进行了重组，分配给像 T-Mobile、Dish 和 Comcast 这样的电信公司，这些公司预计将会使用这些谱段在未来数年内构建新一代的无线网络。（例如，T-Mobile 已经启动了全美范围的 5G 网络建设。）曾经的 38～51 频道（见图 6.1）现在变成了 7 对独立的 5 MHz 谱段。例如，第 1 对由频率 617 MHz～622 MHz（用于下载到设备）和 663 MHz～668 MHz（上传）组成。第 2 对由频率 622 MHz～627 MHz 和 668 MHz～673 MHz 组成，接下来依此类推。[②]

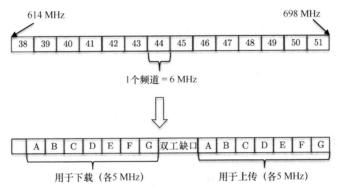

图 6.1　38～51 频道

这看上去像是一种庞大而繁杂的操作。哪些电视台应该从空中撤离？哪些电视台应该切换频道？它们的新频道应该是什么？电视台拥有者因为他们的损失应该得到多大的补偿？哪些电信公司应该被授予新创建的谱段对？它们应该为

---

① 从 2009 年开始，地面电视就开始了从模拟信号到专业数字广播的切换，一个逻辑频道（在机顶盒上所显示的）可以重新映射到一个物理频道，与该频道在历史上所关联的物理频道可以不同。因此，电视台可以保留它的逻辑频道，即使它的物理频道已经被重新分配。

② 另外还有 11 MHz 的双工缺口（652 MHz～663 MHz）用于分隔两种类型的谱段，另有 3 MHz 的防护频带（614 MHz～617 MHz）用于避免与 37 频道（608 MHz～614 MHz）发生干扰，后者长期以来为射电天文学和无线医疗监护所保留。

此付出多大的代价？这些问题都是由 FCC 激励拍卖所回答的。这是一种复杂的算法，在很大程度上依赖于本书所描述的处理 NP 问题的工具箱。

6.2　回购执照的启发式贪心算法

FCC 激励拍卖由两部分组成：一个是逆向拍卖，决定哪些电视台从空中撤离或者切换频道，它们将会得到适当的补偿。另一个是正向拍卖，选择哪些公司将以什么样的价格得到新近释放的谱段。美国政府（以及许多其他国家）已经成功地运营了出售频谱执照的正向拍卖长达 25 年之久，需要调整的地方很少。本章的案例研究把注意力集中在 FCC 激励拍卖中史无前例的逆向拍卖，其中存在大量需要改革的地方。

6.2.1　4 个临时的简化假设

FCC 通过广播执照向电视广播公司授予所有权，这个执照允许在指定的地理区域内通过一个频道进行广播。FCC 负责保证每家电视台在它的广播区域不会受到干扰或者只会受到极少的干扰。[①]

FCC 激励拍卖的逆向拍卖的目标是从电视台回收足够的执照，以释放满足目标数量的谱段（例如 38～51 频道）。为了对这个问题有一个初步的感觉，我们可以先做出一些以简化为目的的假设，并在适当的时候去掉这些假设。

以简化为目的的临时假设

1. 所有仍然保留空中传播的电视台都通过 1 个频道进行广播（例如 14 频道）。

2. 两个电视台当且仅当它们的广播区域不会重叠时才能同时在同一个频道广播。

---

① 对于 FCC 激励拍卖而言，一家电视台的特定频道分配并不是执照拥有者的权利。要想获得这个解释权，需要符合美国国会的一项法案，允许拍卖方根据需要重新分配电视台的频道。（美国国会在 2012 年仅通过的 8 项法案之一，也许是因为它难以否决的标题："中产阶级减税和创造就业法案"。）

> 3. 每家电视台都有一个已知的价值。
>
> 4. 政府可以单方面决定哪些电视台可以保留空中广播。

在理想情况下，价值最高的电视台应该保留它们的执照。因此，我们的目标就是确认一组互不干扰的电视台，使这些电视台具有最高的价值总和。读者能够认出这个优化问题吗？

6.2.2　遭遇加权独立子集问题

这就是加权独立子集问题！顶点对应于电视台，边对应于存在干扰的电视台，电视台的价值对应于顶点的权重，如图 6.2 所示。

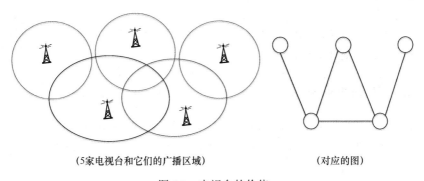

（5家电视台和它们的广播区域）　　　　　　（对应的图）

图 6.2　电视台的价值

我们从推论 4.1 中知道这个问题是 NP 问题，即使每个顶点的权重均为 1 也是如此。当输入图是一棵树时，这个问题可以通过动态规划算法在线性时间内解决（参见"算法详解"系列图书第 3 卷的第 4 章），但电视台的干扰模式和树并不相似。例如，同一个城市中的所有电视台彼此之间存在干扰，因此对应的图中存在团块（clique）。

在算法工具箱中进行搜索

既然我们已经把这个问题诊断为 NP 问题，现在是时候在我们的算法工具箱中寻找解决办法了。（NP 问题并不是死刑判决！）按照最野心勃勃的说法，这个问题能否在一个可容忍的时间（例如一个星期）内解决？

答案取决于问题的规模。如果只涉及 30 家电视台，穷举搜索能够很好地完成任务。但现实的问题涉及数以千计的电视台和数以万计的干扰约束条件，完全超出了穷举搜索以及第 3.1 节～第 3.2 节的动态规划技巧的能力范围。

找到一种准确算法的最后希望是 MIP 解决程序（第 3.4 节）这类针对优化问题的半可靠"魔盒"。加权独立子集问题可以很容易地表达为 MIP 问题（问题 3.9），这也是 FCC 首先尝试的方法。遗憾的是，这个问题实在太庞大了，既使是最新、最出色的 MIP 解决程序也对它无能为力。（或者说，至少对第 6.2.4 节所描述的更接近现实的多频道版本的问题无能为力。）随着寻求 100% 准确算法的努力均以失败告终，FCC 别无选择，只能在正确性方面做出妥协，转向快速的启发式算法。

6.2.3　启发式贪心算法

就加权独立子集问题而言，和其他很多问题一样，贪心算法是开启快速启发式算法的头脑风暴的良好选择。

1. 基本的贪心算法

也许解决加权独立子集问题最简单的贪心算法是模仿 Kruskal 的最小生成树算法，对顶点进行单遍访问（按照权重的降序），只要一个顶点不破坏可行性就把它添加到输出中。

WISBasicGreedy 算法

输入：无向图 $G = (V, E)$，每个顶点 $v \in V$ 都有一个非负的权重 w_v。

输出：G 的一个独立子集。

```
S := ∅
从最高权重到最低权重对 V 的顶点进行排序
// 主循环
for each v∈V, 按照权重的非升序 do
    if  S∪{v} 是可行的 then    // 都是非相邻的顶点
        S := S∪{v}
Return S
```

例如，在图 6.3 中，WISBasicGreedy 算法在第 1 次迭代中选择具有最大权重

的顶点 d，并在第 2、3、4 次迭代中跳过几个权重为 3 的顶点（因为这几个顶点都与 d 相邻），最终又选择了顶点 c。最终的独立子集的总权重为 6，并不是最优方案（因为独立子集$\{a, b, c\}$的总权重为 8）。

由于加权独立子集问题是 NP 问题，而 WISBasicGreedy 算法具有多项式的运行时间，因此对于这种类型的例子，我们对它寄予了厚望。但是，还有一种更加麻烦的情况（顶点以权重为标签），如图 6.4 所示。

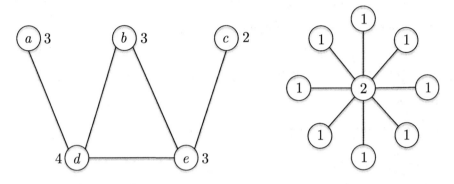

图 6.3 顶点以权重为标签   图 6.4 顶点以权重为标签更麻烦的情况

此时 WISBasicGreedy 算法就会落入陷阱，选择星形中心的那个顶点，然后就排除了所有的叶顶点。我们怎么才能避免这种类型的陷阱呢？

2．顶点特定的倍数

为了避免 WISBasicGreedy 算法的这种误判，我们可以对具有多个邻居的顶点区别对待。例如，我们知道选择一个顶点 v 之后，会使总权重增加 w_v，但同时排除了 $1 + \deg(v)$个顶点，不再对它们进行考虑（$\deg(v)$表示 v 的度，即与它相连的边数），因此我们可以选择让算法的单遍处理按照 $w_v / (1 + \deg(v))$的降序而不是按照权重 w_v 的降序进行。[①]（这种贪心算法能够返回前面两个例子的最大权重独立子集。）按照更普遍的说法，不管顶点是什么样的，算法都可以通过一个预处理步骤计算顶点特定的倍数，然后再对顶点进行单遍处理。

---

① 读者可能已经从问题 2.3 认识到这个思路，背包问题的启发式贪心算法按照价值大小之比对物品进行排序。

WISGeneralGreedy 算法

计算每个顶点 $v \in V$ 的 β_v // 例如：$\beta_v = 1 + \deg(v)$
$S := \varnothing$
根据 w_v / β_v 从高到低的顺序对 V 的顶点进行排序
for each $v \in V$，根据 w_v / β_v 的非升序 **do**
    if $S \cup \{v\}$ 是可行的，**then**   // 均非相邻
        $S := S \cup \{v\}$
return S

顶点特定的倍数的最好选择是什么呢？不管每个参数 β_v 的公式有多么巧妙，总是存在一些例子使 WISGeneralGreedy 算法返回一个非最优的独立子集（假设 β_v 可以在多项式时间内被计算出来，并且 P≠NP 猜想是正确的）。最好的选择取决于我们感兴趣的应用中可能出现的问题实例，因此可以通过代表性的实例根据经验来确认。[1]

3. FCC 激励拍卖中的电视台特定的参数

加权独立子集问题的代表性实例以及下一节所描述的更基本的多频道情况在逆向拍卖的设计阶段是很容易获得的。从参与拍卖的电视台以及它们的广播区域衍生而来的图是完全预先可知的。顶点的权重（电视台的价值）范围可以根据历史数据进行合理的推测。根据对顶点特定的倍数的优化选择，WISGeneralGreedy 算法（以及下一节所描述的多频道通用版 FCCGreedy 算法）对于代表性实例所返回的解决方案的总权重可以超过理论上最大总权重的 90%。[2][3]

6.2.4 多频道情况

现在是时候去掉第 6.2.1 节中第 1 个以简化为目的的假设了，允许仍然为保

---

[1]   在现实应用中处理 NP 问题的一般建议：尽可能地利用自己所掌握的领域特定的知识！

[2]   实际的 FCC 激励拍卖中的参数是如何计算的？通过公式 $\beta_v = \sqrt{\deg(v)} \cdot \sqrt{\mathrm{pop}(v)}$，其中 $\deg(v)$ 和 $\mathrm{pop}(v)$ 分别表示与电视台 v 重叠的电视台数量以及它所服务的人口。$\sqrt{\deg(v)}$ 这一项对那些阻碍其他电视台保留在空中的电视台进行区别对待。$\sqrt{\mathrm{pop}(v)}$ 这一项的目的更加微妙（并且存在争议）。它的效果是减少政府为很可能被踢出局的小型电视台所支付的补偿金。

[3]   FCC 曾经能够在找到最优解决方案之前通过在合理的时间内提前结束一个前沿的 MIP 解决程序来获得一个高质量的解决方案。贪心算法最终胜出的原因是它可以很容易地转换为一种透明的拍卖形式（在第 6.4 节详述）。

留在空中的电视台随意分配 k 个频道。

WISGeneralGreedy 算法可以很容易地扩展为这个问题的多频道版本：[①]

FCCGreedy 算法

计算每家电视台 v 的 β_v
$S := \varnothing$
根据从最高到最低的 w_v / β_v 值对电视台进行排序
for each 电视台 v，按照 w_v / β_v 的非升序 **do**
　　if $S \cup \{v\}$ 是可行的 **then**　// 确定到 k 个频道中
　　　　$S := S \cup \{v\}$
return S

看上去和所有其他（多项式时间的）贪心算法一样，对不对？但是让我们深入分析主循环的一个循环，它负责测试当前电视台 v 是否可以在不破坏可行性的前提下添加到目前为止的解决方案 S 中。是什么使一个电视台子集为"可行的"呢？可行性意味着这些电视台可以同时保留在空中，不会相互干扰。也就是说，$S \cup \{v\}$ 中的电视台存在一种分配 k 个可用频道的方案，使两个存在重叠广播区域的电视台不会被分配到相同的频道。读者能够认出这个计算性问题是什么吗？

6.2.5　遭遇图形着色问题

这就是图形着色问题！顶点对应于电视台，边对应于存在重叠广播区域的一对电视台，k 种颜色对应于 k 个可用的频道。

我们从问题 4.11 中知道，当 $k = 3$ 时，图形着色问题是 NP 问题。[②]同样糟糕的是，FCCGreedy 算法必须解决图形着色问题的许多实例，在主循环的每个迭代中都要解决 1 个图形着色问题。这些实例是如何相关的？

[①] 把 k 看成 23，对应于 14～36 频道。FCC 激励拍卖也允许 UHF 电视台降级到 VHF 区段（2～13 频道），但大多数操作是在 UHF 区段中进行的。

[②] 在单频道这种特殊情况（第 6.2.2 节）下检查可行性对应于检查 1-可着色这样的小问题，或者说检查一组顶点是否构成了一个独立子集。

小测验 6.1

观察 FCCGreedy 算法所产生的可行性检查的实例序列。下列哪些说法是正确的？（选择所有正确的答案。）

（a）如果一个迭代中的实例是可行的，那么下一个迭代中的实例也是可行的。

（b）如果一个迭代中的实例是不可行的，那么下一个迭代中的实例也是不可行的。

（c）一个特定迭代中的实例的电视台数量要比前一个迭代中的实例的电视台数量多 1 个。

（d）一个特定迭代中的实例的电视台数量要比最近的可行实例的电视台数量多 1 个。

（关于正确答案和详细解释，参见第 6.2.6 节。）

现在该怎么办？把可行性检查问题诊断为图形着色问题这个 NP 问题是不是就排除了使用一种启发式贪心算法近似地计算出保留在空中的电视台的最大总价值？

6.2.6 小测验 6.1 的答案

正确答案：（d）。答案（a）明显是不正确的：第 1 个实例总是可行的，而算法趋近结束时有些实例则可能是不可行的。答案（b）也是不正确的，例如到目前为止的解决方案可能会阻止美国东北地区的所有新加入者，但对西部地区则持开放态度。答案（c）是不正确的，答案（d）是正确的，因为目前为止的解决方案 S 只有当一个迭代中的电视台集合 $S \cup \{v\}$ 可行时才会发生变化。用图形着色问题的术语表示如图 6.5 所示。

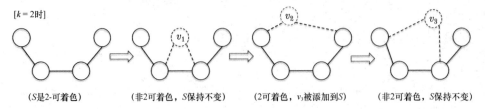

图 6.5 用图形着色问题的术语表示

6.3 可行性检查

只有当我们拥有一个可以检查可行性的"魔盒"，运行 FCCGreedy 算法并希望对特定于电视台的倍数进行优化之后，才能够可靠地计算出总价值接近实际最大价值的可行解决方案。我们对"魔盒"的念想已经遭遇了一次失败，原始的价值最大化问题被证明太难，无法用最新、最优秀的 MIP 解决程序来解决（第 6.2.2 节）。这次为什么我们还要寄希望于此呢？

6.3.1 改编为可满足性问题

FCCGreedy 算法所需的子程序只负责可行性检查（对应于检查一个特定的子图是否是 k 可着色的），而不是负责优化（对应于查找一个图的最大价值 k-可着色子图）。这就燃起了我们对寻找一个解决更容易的可行性检查问题（就算仍然是 NP 问题）的"魔盒"的希望，即使在优化问题中并不存在这样的"魔盒"。把重心从优化问题转换到可行性检查问题还提示我们用一种不同的语言（逻辑语言）和技术（SAT 解决程序）进行试验，而不是使用算术语言和 MIP 解决程序。

第 3.5.3 节把图形着色问题改编为可满足性问题的方法可以直接应用于此处。简单回顾一下，对于输入图中的每个顶点 v 和允许的颜色 $i \in \{1, 2, \cdots, k\}$，存在一个布尔（真/假）变量 x_{vi}。对于输入图中的每条边 (u, v) 和颜色 i，存在一个约束条件

$$\neg x_{ui} \vee \neg x_{vi} \tag{6.1}$$

排除了把颜色 i 分配给 u 和 v。对于输入图中的每个顶点 v，存在一个约束条件

$$x_{v1} \vee x_{v2} \vee \cdots \vee x_{vk} \tag{6.2}$$

排除了让 v 保持未着色状态。

对于每个顶点 v 以及不同的颜色 $i, j \in \{1, 2, \cdots, k\}$，可以选择用一个约束条件

$$\neg x_{vi} \vee \neg x_{vj} \tag{6.3}$$

排除把颜色 i 和 j 分配给 v。[①]

6.3.2　加入边际约束条件

FCC 激励拍卖实际所使用的方法比式（6.1）～式（6.3）稍微更复杂。存在重叠广播区域的电视台如果分配了相同的频道就会存在干扰。另外，取决于一些因素，可能相邻的频道（例如 14 和 15）也会存在干扰。FCC 的一个独立小组要预先确定每一对电视台可能会发生干扰的频道。禁止配对的频道分配列表虽然难以编排，但是合并到可满足性过程却是非常简单的，只要对每对电视台 u,v 使用下面这种形式的约束条件

$$\neg x_{uc} \lor \neg x_{vc'} \tag{6.4}$$

并禁止把频道 c、c' 分配给它们。例如，约束条件 $\neg x_{u14} \lor \neg x_{v15}$ 可以防止把 14 和 15 频道分别分配给电视台 u 和 v。干扰约束条件的列表替代了第 6.2.1 节中用于简化的第 2 个假设。

还有一个需要考虑的事项是并不是所有的电视台可以分配所有的频道。例如，靠近墨西哥边境的电视台就无法分配会干扰现有的墨西哥电视台的频道。为了反映这些额外的约束条件，当禁止把频道 i 分配给电视台 v 时，就省略决策变量 x_{vi}。

在最初式（6.1）～式（6.3）的 SAT 构建过程中所出现的这些变化说明了 MIP 和 SAT 解决程序相对于问题特定的算法设计的一个基本优势：它们能够更好地适应所有类型的特异性边际约束条件，只需要在构建过程中进行少量的修改。

6.3.3　重新安置问题

FCC 激励拍卖的逆向拍卖过程中的可行性检查问题与图形着色问题很相似但并不完全相同（因为第 6.3.2 节的边际约束条件），因此我们为它取一个新的名称：重新安置（repacking）问题。

---

① 如果省略了这些约束条件，顶点就可以接受多种颜色，但在分配的颜色中进行选择的每种方法都会产生一个 k-可着色问题。

问题：重新安置问题

已知：电视台列表 V，每家电视台 $v \in V$ 允许分配的频道 C_v，每对频道 $u,v \in V$ 允许出现的配对 P_{uv}。

输入：电视台的一个子集 $S \subseteq V$。

输出：每家电视台 $v \in S$ 分配到 C_v 中的一个频道，使每对电视台 $u,v \in S$ 都能分配到 P_{uv} 中的一对频道。（或者正确地表明不存在这样的分配方式。）

如果对应的重新安置实例存在一个可行的解决方案，就称这个电视台子集是可安置的，否则就是不可安置的。

FCC 的算法宏愿是非常大的：在一分钟甚至更少的时间内可靠地解决重新安置问题！（我们将在第 6.4 节中看到为什么这个时间预算这么紧张。）FCC 激励拍卖中的重新安置实例具有数以千计的电视台，数以万计的存在重叠的电视台对数，另外还有数十个可用的频道。在转换为可满足性问题（如第 6.3.1 节～第 6.3.2 节所述）之后，最终的实例具有数以万计的决策变量和超过一百万个的约束条件。

这是相当庞大的！为什么不对它们使用最新和最强大的 SAT 解决程序，看看它们能做得怎么样呢？遗憾的是，使用这些解决程序时，它们常常需要十分钟甚至更多的时间才能解决代表性的重新安置实例。要想做得更好，只能另觅它途。

6.3.4　技巧#1：预解决程序（寻求一种容易的解决之道）

FCC 激励拍卖使用预解决程序快速找出明显的可安置或不可安置的实例。这些预解决程序利用了 FCCGreedy 算法中的重新安置实例中的嵌套结构（参见小测验 6.1），对于一个可安置的电视台集合 S 和一个新的电视台 v，每个实例的形式是 $S \cup \{v\}$。

例如，拍卖过程管理了两个快速和粗略的局部测试，只检查 v 的（相对较小的）邻居。按照正式的说法，如果两家电视台至少共同出现在一个干扰约束条件中（式 6.4），它们就称为邻居，并用 $N \subseteq S$ 表示 v 在 S 中的邻居。

（1）检查 $N \cup \{v\}$ 是否是可安置的。如果不是，就结束并报告"不可安置"。（正确性：不可安置的电视台集合的超集也是不可安置的。）

图形着色实例与此相似之处在于检查一个特定的顶点 v 和它的邻居是否构成了一个 k-可着色的子图，如图 6.6 所示。

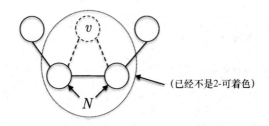

图 6.6 是否构成可着色的子图

（2）继承（可安置的）电视台 S 以前所计算的可行频道的分配。使 $S{-}N$ 中的所有电视台的频道分配固定不变。检查 $N \cup \{v\}$ 中的电视台的频道分配，看看组合后的分配是否可行。如果是，就报告"可安置"并返回组合后的频道分配。

这个步骤是否成功一般取决于从 $S{-}N$ 中的电视台所继承的频道分配，如图 6.7 所示。

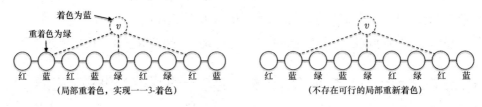

图 6.7 继承的频道分配

邻居 N 的大小一般是 1 位或 2 位数字，因此这两个步骤都可以使用一个 SAT 解决程序快速实现。经过这两个步骤处理之后的重新安置实例仍然存在不确定性。它有可能是可安置的，因为它有可能从步骤 2 的限制形式继承了一种可行的频道分配。它也可能是不可安置的，因为步骤 1 的 $N \cup \{v\}$ 中的所有安置可能都无法扩展到所有的 $S \cup \{v\}$。

6.3.5 技巧#2：预处理和简化

在预解决程序处理之后仍然幸存的重新安置实例可以通过一个预处理步骤

来缩小它的规模。[1]

1. 去掉容易的电视台

对于 $S \cup \{v\}$ 中的一个电视台 u，如果不管其他电视台是怎么分配的，u 都可以分配给 C_u 中的一个频道，且不会与它的所有邻居产生干扰，那么 u 就是容易的电视台。（图形着色问题中的类似情况是顶点的度小于颜色数量 k。）

通过迭代的方式去掉容易的电视台：（i）初始化 $X := S \cup \{v\}$；（ii）当 X 包含了一个容易的电视台 u 时，$X := X - \{u\}$。

例如，在一个图形着色问题的语境中（$k = 3$），如图 6.8 所示。

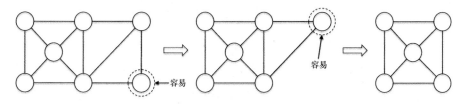

图 6.8　示例图

小测验 6.2

按照迭代的方式从集合 $S \cup \{v\}$ 中去掉容易的电视台……

（a）……将会把这个集合的状态从可安置改变为不可安置，或者反过来从不可安置改变为安置。

（b）……将会把这个集合的状态从可安置改变为不可安置，但不会从不可安置改变为可安置。

（c）……将会把这个集合的状态从不可安置改变为可安置，但不会从可安置改变为不可安置。

（d）……不会改变这个集合的安置状态。

（关于正确答案和详细解释，参见第 6.3.8 节。）

---

[1]　这个思想与本书一直强调的"零代价的基本操作"相似。如果我们可以用一个速度炫目的基本操作（例如排序、计算连通分量等）简化自己的问题，为什么不这样做呢？

2. 分解问题

下一个步骤的目标是把问题分解为更小的独立子问题。（在图形着色实例中相当于为每个连通分量单独计算一种 k-着色方案。）

根据一个（非容易的）电视台集合：

（a）形成一个图 H，其中的顶点对应于电视台，边对应于相邻的电视台；

（b）计算 H 的连通分量；

（c）对于每个连通分量，解决对应的重新安置问题；

（d）如果至少有一个子问题是不可安置的，就报告"不可安置"。否则就报告"可安置"并返回子问题所计算的频道分配的并集。

由于只有相邻的电视台才会发生干扰，因此不同的子问题彼此并不相干。因此，当且仅当 X 的所有独立子问题都可以安置时，X 中的电视台才是可安置的。

对问题进行分解为什么能够起到作用呢？FCC 激励拍卖仍然需要设法解决所有的子问题，而这些子问题的组合大小与原问题是相同的。但是，当我们拥有一种超线性运行时间的算法时（例如我们所期望的 SAT 解决程序），按照分段的方式解决问题要比一次性解决整个问题要更快。[①]

6.3.6 技巧#3：SAT 解决程序的组合

经过预解决程序和预处理步骤的洗礼之后，最难的重新安置实例仍然倔强地等待更高级的工具。虽然每种前沿的 SAT 解决程序都能在某些代表性的实例上取得成功，但没有一种能够满足 FCC 的要求，它们无法在一分钟或更少的时间内可靠地解决这些实例。接下来该怎么办呢？

FCC 激励拍卖的逆向拍卖的设计师们利用了两件事情：（i）通过经验观察到不同的 SAT 解决程序在不同的实例上表现不一；（ii）现代的计算机处理器。他

---

① 例如，考虑一种平方时间的算法，对于某个常量 c > 0 以及输入规模为 n 的实例，它的运行时间是 cn^2。解决两个规模为 n/2 的实例所需要的时间是 $2 \cdot c \,(n/2)^2 = cn^2/2$，比解决输入规模 n 的实例的速度要快 1 倍。

们并不是把所有的鸡蛋放在一个篮子里，并不只指望一种 SAT 解决程序，而是使用了 8 个精心优化的解决程序的组合，在一台八核的工作站上并行地运行。[①][②]最终，这些火力充足的算法组合能够有效地解决拍卖所面临的 99%的重新安置实例，实现了每个实例的解决时间为 1 分钟甚至更少的目标。对于变量数量数以万计、约束条件数量超过百万个的可满足性实例，这个表现令人刮目相看。

6.3.7　容忍失败

超过 99%的重新安置实例看上去很好，但剩下的 1%该怎么办？FCC 激励拍卖是不是无助地开着八轮 SAT 解决程序的"大车"到底乱转，渴望碰巧能够找到一种可满足的频道分配方案？

FCCGreedy 算法的另一个特性是它的可行性检查子程序所体现出来的失败容忍能力。假设在检查一个集合 $S \cup \{v\}$ 的可行性时，当子程序超时并报告"我不知道"时，如果没有可行性保证（这是不可违背的约束条件），算法就无法冒险把 v 添加到解决方案中，只能将它跳过，很可能就因此错失了通过其他途径能够获得的价值。但是，这个算法总是能够在合理的时间内得出一个可行的解决方案，由于超时所导致的价值损失只要不是频繁发生就是可以接受的。对于 FCC 激励拍卖而言，确实也满足这个标准。

6.3.8　小测验 6.2 的答案

正确答案：（d）。如果最终的集合 X 是不可安置的，那么它的超集 $S \cup \{v\}$ 也是不可安置的。如果 X 是可安置的，X 中电视台的每种可行的频道分配可以扩展到 $S \cup \{v\}$ 的所有电视台，一次完成一个容易电视台的分配（按照与删除相反的顺序），如图 6.9 所示。

---

① 这 8 个解决程序是怎么选择的？使用与最大覆盖问题（第 2.2 节）和影响最大化问题（第 2.3 节）相似的启发式贪心算法！这些解决程序是按顺序选择的，相对于组合中所存在的其他解决程序，每种解决程序对代表性的实例能够最大限度地实现边缘运行时间的改进。

② 致由于局部搜索算法（第 2.4 节～第 2.5 节）缺席这场盛宴而感到发狂的粉丝们：这个组合中的一些 SAT 解决程序就是局部搜索算法，可以看成是问题 3.13 所描述的随机化 SAT 算法的更贪心和高度参数化的版本。

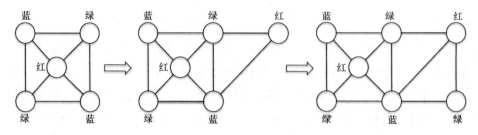

图 6.9　去掉容易的电视台并不会改变集合的安置状态

6.4　降序时钟拍卖的实现

FCC 激励拍卖中的"拍卖"体现在哪里呢？第 6.2 节的 FCCGreedy 算法和第 6.3 节的重新安置子程序不是已经近似最优地解决了价值最大化问题吗？由于最多只有几千个可行性检查（每家参与拍卖的电视台都有一个）并且每个可行性检查花费 1 分钟的时间，因此这个算法可以在一两天内完成。是不是可以宣布胜利了？

不。现在是时候回顾并取消第 6.2.1 节的最后两个以简化为目的的假设了。电视台并不是强制从空中撤离，它们是自愿地撤回自己的执照的（以获取补偿）。因此，为什么不运行 FCCGreedy 算法推断出哪些电视台应该保留在空中并以其他电视台愿意接收的价格来收购它们的执照呢？由于电视台的价值在这里被定义为它的老板愿意撤离空中而得到的最低补偿，它事先是未知的。（可以向老板询问，但他们为了获得更多的补偿金，很可能会高估自己的电视台的价值。）如果预先不知道电视台的价值，怎么才能实现 FCCGreedy 算法呢？

6.4.1　拍卖和算法

回想一下我们在电视或现实生活中所看到的拍卖，例如地产拍卖、房屋拍卖或学校为募集资金而开展的拍卖等。拍卖商提出"谁愿意以 100 美元购买费德勒签名的这个网球？"这种形式的问题，而愿意购买者就举手示意。在 FCC 激励拍卖的逆向拍卖中，"拍卖商"（政府）是在购买而不是出售，因此问题的形式就变成了"谁愿意以 100 万美元出售他们的广播执照"？电视台对补偿金额 p 这个问题的响应反映了它的价值（即可接受的最低补偿）是高于还是低于 p。

FCCGreedy 算法首先按照 w_v/β_v 的非升序对电视台进行排序, 其中 w_v 是电视台 v 的价值, 而 β_v 是一个电视台特定的参数, 当电视台的价值未知时, 这是一个明显不可能成交的起拍价。[①]我们能不能重新实现这个算法, 使电视台能够使用 "$w_v \leqslant p$ 吗？" 这种便于拍卖的形式有效地对自身进行排序？

6.4.2　例子

为了观察这种方式是如何工作的, 现在假设电视台的价值是 1 和某个已知上界 W 之间的一个正整数。另外, 假设只有 1 个免费的频道 ($k=1$), 并且对于每个电视台 $\beta_v = 1$。例如, 假设共有 5 家电视台, $W = 5$, 如图 6.10 所示。

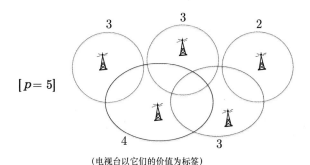

（电视台以它们的价值为标签）

图 6.10　共有 5 家电视台

思路是从可想像的最高补偿 ($p = W$) 开始向下操作。保留在空中的电视台集合 S 一开始为空。在算法的第 1 次迭代中, 将每家电视台的价值与 p 的初始值 (5) 进行比较。这相当于向每家广播公司询问是否愿意接受 5 的补偿回购它们的执照。如果所有的参与者都表示同意, 算法就减小 p 的值并进入下一次迭代。所有的参与者再次全体同意这个削减后的补偿 ($p = 4$)。在下一次迭代中, 价值为 4 的电视台就会拒绝 $p = 3$ 的补偿, 算法就做出响应, 把这个电视台添加到保留在空中的电视台集合 S 中, 如图 6.11 所示。

随着价值为 4 的电视台回到了空中, 3 个与之重叠的电视台就被阻塞, 必须从空中撤离。这样一来就只剩下了 1 家电视台。在后面的迭代中, 算法为命运尚未决定的

---

① 在 FCC 激励拍卖中, 电视台特定的参数 β_v 是预先已知的, 因为它们只取决于电视台所服务的人口以及它的干扰约束条件。

唯一一家电视台（即价值为 2 的电视台）提供了进一步削减的补偿。当 $p = 1$ 时，这家电视台拒绝了补偿，此时就把它添加到 S 中并且算法结束，如图 6.12 所示。

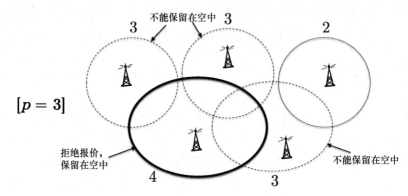

图 6.11   价值为 4 的电视台保留在空中的电视台集合中

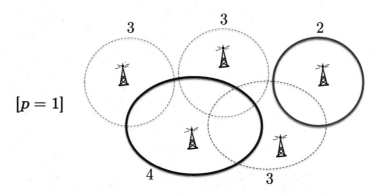

图 6.12   价值为 2 的电视台保留在空中的电视台集合中

在这个例子中以及一般情况下，这个迭代过程重现了 WISBasicGreedy 算法在对应的加权独立子集实例（第 6.2.3 节）上的轨迹：电视台受可行性的制约，按照价值的非升序被剔除（回到空中）。我们能不能对这个思路进行扩展，实现功能全面的 FCCGreedy 算法？

6.4.3   重新实现 FCCGreedy 算法

在 FCCGreedy 算法中，电视台特定的参数 β_v 可以使用电视台特定的报价来模拟，在一次迭代中根据"基本价格" p 确定向电视台 v 所提供的报价 $\beta_v \cdot p$。当基本价格低于 β_v / w_v 时，价值为 w_v 的电视台 v 就将出局。

随着 p 的不断变小，最终过程就真实地模拟了 FCCGreedy 算法：电视台受可行性的制约，按照 β_v / w_v 的非升序出局（回到空中）。最终的算法称为向下叫价时钟拍卖，它就是 FCC 激励拍卖的逆向拍卖所使用的算法（$\epsilon = 0.05$）。

FCCDescendingClock 算法

输入：电视台集合 V。对于每个 $v \in V$，参数 $\beta_v > 0$。参数 $\epsilon \in (0,1)$。

输出：一个可安置的电视台子集 $S \subseteq V$。

```
p := LARGE NUMBER                    // 电视台的最大参与数量
S := ∅                               // 保留在空中的电视台
X := ∅                               // 撤离空中的电视台
while  S∪X≠V do                      // 仍然未确定的电视台
   for 每个电视台 v∉S∪X, 按任意顺序 do
       // 调用可行性检查程序（第 6.3 节）
       if S∪{v} 可安置 then          // v 仍有空间
           向 v 提供报价 βᵥ·p
           if 报价被拒绝 then        // 由于 p < βᵥ / wᵥ
               S := S∪{v}            // v 回到空中
       else // v不再有空间（或超时）
           X := X∪{v}                // v 必须保留在空中
   p := (1-ϵ) ·p                     // 下一回合的更低报价
return S
```

FCCDescendingClock 算法的外层循环控制"时钟"的价值 p。在每次迭代（称为一个回合）时，基本价格较上个回合略微减少，直到所有电视台的命运都已确定。在一个回合中，内层循环按照任意顺序对剩余的电视台进行单遍处理，意图是向每个电视台提供一个新的更低补偿报价。但是，向电视台 v 提供补偿报价之前，这个算法调用第 6.3 节的可行性检查程序保证 v 在拒绝报价之后仍然能够留在空中。[①]如果可行性检查程序发现 $S \cup \{v\}$ 是不可安置的或者超时，算法就无法冒着被 v 拒绝的风险而将 v 保留在空中。如果可行性检查程序

---

① 第 6.2.4 节的最初 FCCGreedy 算法对于每家参与拍卖的电视台只调用 1 次可行性检查程序。这个重新实现的版本 FCCDescendingClock 算法在每个回合都需要执行一批新的可行性检查。FCC 激励拍卖的逆向拍卖需要运行几十个回合，总共大约需要十万次的可行性检查。这也是 FCC 对于每个可行性检查要求控制在一分钟之内的原因。（即使存在一分钟的超时设置，这项拍卖仍然需要好几个月才能完成。）

确认存在 $S \cup \{v\}$ 中电视台的一个可行安置，算法就安全地向 v 提供更低的报价。算法返回保留在空中的电视台最终集合 S 以及由可行性检查程序为它们所计算的频道分配方案。

6.4.4　是时候提供补偿了

FCCDescendingClock 算法确定了保留在空中的电视台以及它们新的频道分配方案。它还有另外一个任务：计算支付给每家撤离空中的广播公司的补偿价格，以回购它们的执照。（保留在空中的广播公司不能得到补偿。[①]）

首先，初始的基本价格 p 是什么呢？在 FCC 激励拍卖中，这个价值的设定是使这个公开报价对于电视台而言具有极高的利润，诱使许多电视台参与这个拍卖（参与拍卖是自愿的）。例如，向 CBS 的纽约附属电视台 WCBS 所提供的公开报价高达 9 亿美元！[②]参与拍卖的每家广播公司按照契约必须按照政府所提供的开放报价出售自己的执照，对于拍卖过程中它所接受的每个后续报价也是如此。政府所支付的自然是最低的同意价格。

FCC 激励拍卖中的补偿
撤离空中的每家电视台所收到的补偿是它在拍卖中所接受的最近一次补偿报价（因此也是最低的报价）。

由于把所有的复杂性都隐藏于幕后，FCC 激励拍卖的逆向拍卖对于所有参加拍卖的广播公司来说是极其简单的。执照的开放报价是预先已知的，每个后续的报价自动是前一个报价的 95%。只要当前的报价超过了广播公司的执照价值，显而易见的操作是接受报价（因为广播公司保留了以后拒绝更低报价的权利）。一旦当前报价低于执照的价值，显而易见的响应是拒绝这个报价并回到空中（因为后续的报价只会更低）。

可行性检查程序（第 6.3 节）的表现对于政府的成本具有最直接的影响。当

---

① 从理论上说，在 FCC 激励拍卖之后被迫切换频道的电视台应该得到适度的补偿以弥补切换频道的成本，当然这个补偿金额远小于执照的出售价格。

② 记住，出售执照只是意味着放弃地面广播，相对于有线电视和卫星电视，这只是一项很小的业务。

子程序在处理一个无法安置的电视台集合上超时时，并不会有任何害处。
FCCDescendingClock 算法仍然有办法继续下去。但是，当可行性检查程序在处理一个可安置的电视台集合 $S \cup \{v\}$ 上超时时，会导致大量的金钱损失，常常可以高达数百万美元。[①]拍卖本可向电视台 v 提供更低的报价，但由于可行性检查程序的失败而无法如愿。我们可以明白为什么拍卖设计师希望把这个子程序的成功率尽可能地提升到 100%！[②]

6.5 最终结果

　　FCC 激励拍卖运行了大约一年，从 2016 年 3 月到 2017 年 3 月。将近三千家电视台参与了这次拍卖，其中 175 家电视台以总共大约 100 亿美元的补偿撤离了空中（平均每张执照大约五千万美元，具体金额因不同的区域存在很大的差异）。[③]大约一千家电视台重新分配了它们的频道。另外，空出来的 84 MHz 频谱被重新组织为 7 对（一段用于上传，一段用于下载）5 MHz 的区段。FCC 激励拍卖的正向拍卖中的每张待售执照对应于这 7 对区段之一和美国的 416 个区域（称为"部分经济区域"）之一。这次正向拍卖的收入有多少呢？200 亿美元！[④]大部分的最终利润用于削减美国的赤字。[⑤]FCC 激励拍卖取得了巨大的成功，如果没有处理 NP 问题的尖端算法工具箱，这个结果是无法实现的。而这个工具箱，

---

① 大约 50%的超时发生在可安置的电视台集合。

② 这个算法的运行时间和巨额资金之间是否存在更直接的关系？

③ 可以在 auctiondata.fcc.gov 网站查看结果的完整列表。

④ 正向拍卖的收入超过了逆向拍卖的支出是好事情，是不是因为政府的运气很好？这与另一个问题有关：是谁决定了 84 MHz 是需要清理的完美频谱数量？实际上 FCC 激励拍卖还有一个额外的外层循环，向下搜索需要清理的理想频道数量（这也是这个拍卖持续时间如此之长的原因之一）。在它的第 1 次迭代（称为"阶段"）中，拍卖委员会雄心勃勃地想要释放 21 个频道（126 MHz），足够在正向拍卖中在每个区域拍卖 10 张付费执照。（这 21 个频道是 30~36 以及 38~51，频道 37 不在此列。）这个阶段很糟糕地失败了，因为它的成本高达大约 860 亿美元，因正向拍卖的收入只有大约 230 亿美元。进入第二阶段之后，频道的清理目标下降到 19 个频道（114 MHz，每个地区足够出售 9 张付费执照），恢复第 1 阶段所终止的逆向和正向拍卖。拍卖最终在 4 个阶段后终止（清理了 14 个频道，如本章所述），这也是收入高于成本的第 1 个阶段。

⑤ 消减赤字是这个计划的主要目的，也许正是国会通过这个议案的主要原因之一。

只要读者能坚持读完本书，就是自己所拥有的！

6.6　本章要点

- FCC 激励拍卖是一种复杂的算法，回购地面电视所使用的 84 MHz 的无线频谱并对它进行重新分配，以用于下一代的无线网络。

- FCC 激励拍卖的逆向拍卖决定了哪些电视台将撤离空中或切换频道，并能得到一定的补偿。

- 即使只剩下 1 个可用的频道，决定保留在空中的最有价值的不会产生干扰的电视台问题仍然可以归结为加权独立子集问题（NP 问题）。

- 有多个可用的频道时，仅仅是检查一组电视台能否在没有干扰的前提下保留在空中也可以归结为图形着色问题（NP 问题）。

- 在代表性的实例中，一种精心优化的启发式贪心算法可以可靠地返回具有接近最优总价值的解决方案。

- 这种贪心算法的每次迭代都调用一个可行性检查子程序，检查无线电波中是否有空间容纳当前的电视台。

- 向下叫价时钟拍卖用于实现这个算法，它提供了递减的补偿金额，随着时间不断剔除电视台。

- 使用预解决程序、预处理过程和 8 个前沿 SAT 解决程序的组合，FCC 激励拍卖中超过 99% 的可行性检查实例可以在一分钟之内解决。

- FCC 激励拍卖已经运行了一年，把 175 家电视台从无线电波中撤离，并赢得了上百亿美元的净利润。

6.7　章末习题

问题 **6.1**　（S）第 2 章和第 3 章所描述的哪个算法工具箱在 FCC 激励拍卖中

没有用武之地？

（a）启发式贪心算法

（b）局部搜索

（c）动态规划

（d）MIP 和 SAT 解决程序

问题 6.2（S）在第 6.4.3 节的 FCCDescendingClock 算法的每个回合中，仍然处于不确定状态的电视台是按照任意的顺序处理的。这个算法所返回的电视台集合 S 是否与每个回合所使用的顺序无关？（选择最正确的答案。）

（a）是的，只要不存在两个电视台的 w_v 相同并且所有的参数 β_v 被设置为 1。

（b）是的，只要所有的参数 β_v 被设置为 1 并且 ϵ 足够小。

（c）是的，只要不存在两个电视台的 w_v 相同并且所有的参数 β_v 被设置为 1，并且 ϵ 足够小。

（d）是的，只要不存在两个电视台的 w_v/β_v 相同并且 ϵ 足够小。

问题 6.3（S）向电视台 v 提供一个较低的补偿金额之前，FCCDescendingClock 算法检查 $S\cup\{v\}$ 是否为一个可安置的电视台集合，其中 S 表示已经在空中的电视台。假设我们反转这两个步骤的顺序：

```
向 v 提供补偿 βᵥ·p
if 提议被拒绝 then          // 因为 p < wᵥ /βᵥ
    if S∪{v} 可安置 then    // v 的空间
        S := S∪{v}          // v 保留在空中
    else                    // v 已经没有了空间
        X := X∪{v}          // v 必须撤离空中
```

假设我们向离开的广播公司提供了补偿，根据它们最近所接受的报价（向它们提出的倒数第 2 个报价）进行补偿。广播公司是不是会接受高于它的价值的每个报价并拒绝低于它的价值的第 1 个报价？

6.7.1 挑战题

问题 6.4 （H）这个问题研究第 6.2.3 节的 WISBasicGreedy 和 WISGeneralGreedy 启发式算法应用于每个顶点的度 $\deg(v)$ 不超过 Δ 的加权独立集合问题的特殊情况时（其中 Δ 是个非负整数，例如 3 或 4）所实现的的解决方案质量。

（a）证明 WISBasicGreedy 算法所返回的独立子集的总价值至少是 $1/(\Delta+1)$ 乘以输入图中所有顶点的总权重。

（b）证明当每个顶点 $v \in V$ 的 β_v 设置为 $1 + \deg(v)$ 时，这个保证能够成立。

（c）通过例子说明，对于每个非负整数 Δ，（a）和（b）的结论在 $1/(\Delta+1)$ 被任意更大的数所代替时是错误的。

6.7.2 编程题

问题 6.5 使用式（6.1）～式（6.3），在一个图形着色实例的集合上尝试一个或多个 SAT 解决程序。（对使用和不使用式（6.3）的约束条件两种情况都进行试验。）例如，可以对随机的图进行试验，其中每条边是否存在是根据某个概率 $p \in (0,1)$ 独立决定的。或者采用更好的方式，从 FCC 激励拍卖所使用的实际干扰约束条件引申出一个图。解决程序在一分钟之内或一小时之内能够可靠地解决的输入规模有多大？答案在不同的解决程序中有多大的差异？

后记 ⊝

算法设计实战指南

完成了"算法详解"系列图书的学习之后，读者现在已经拥有了一个内容丰富的算法工具箱，能够解决范围极广的计算性问题。确实是非常丰富，事实上单凭这些算法、数据结构和设计范例的数量就有可能让读者感到恐慌。当读者面对一个新问题时，选择工具、投入工作的最有效方法是什么呢？为了给读者提供一个良好的起点，我将讲述当我需要理解一个不熟悉的计算性问题时所使用的典型方案。随着读者所积累的算法经验越来越丰富，应该能够开发出自己的个化性方案。

1. 能否避免从头开始解决问题？它是否是我们已经知道如何解决的一个问题的掩饰版本、变型或特殊情况？例如，它是否可以转化为排序、图的搜索或最短路径的计算？①如果是，就可以使用足以解决这个问题的最快速、最简单的算法。

2. 是否可以对问题的输入进行预处理，通过零代价的基本操作对问题进行简化，例如对输入进行排序或者计算强连通分量？

3. 如果必须从头开始设计一个新算法，可以把"明显的"解决方案（例如

---

① 如果读者继续对算法进行更深入的研究，将会看到很多解决得非常完美的问题都是以掩饰版本的形式出现的。一些例子包括快速傅立叶变换、最大流和最小割问题、二分图匹配、线性规划和凸规划等。

穷举搜索）作为目标算法的起点。对于自己所关注的输入，这种明显的解决方案是否已经足够快速？

4. 如果这个明显的解决方案不够充分，那么可以尽自己所能通过头脑风暴想到尽可能多的自然贪心算法，并在一些小例子上对它们进行测试。很可能所有的试验都以失败告终。但是这个失败过程可以帮助我们更好地理解这个问题。

5. 如果存在一种明显的方式把输入划分为更小的子问题，那么把它们的解决方案组合在一起的难度有多大？如果知道怎样快速地完成这个任务，就可以采用分治法。

6. 尝试动态规划。是否可以证明一个解决方案可以通过少数几种方法之一从更小子问题的解决方案构建而得？是否可以形成一个推导公式根据更小子问题的解决方案快速地解决一个子问题？

7. 如果有幸为问题设计了一种良好的算法，是否可以熟练地对数据结构进行部署使之变得更好？寻找算法需要反复执行的重要计算（例如查找或最小值计算）。记住精简原则：选择支持算法所需要的所有操作的最简单的数据结构。

8. 是否可以使用随机化使算法更简单或更快速？例如，如果算法必须在许多对象中选择其一，如果采用随机选择会有什么结果？

9. 如果上述所有步骤均以失败告终，就可以考虑这个问题不存在高效算法这个不幸但又很现实的可能性。在我们所知道的 NP 问题中，哪个与我们的问题最为相似？是否可以把这个 NP 问题转化为我们的问题？它是不是与 3-SAT 问题相似？或者与 Garey 和 Johnson 的著作中的其他问题相似？

10. 决定是在正确性还是速度上做出妥协。如果更倾向于保证速度，并可以在正确性上做出妥协，那么可以再次对算法设计范例进行评估，这次是寻找快速启发式算法的机会。贪心算法设计范例是实现这个目标最常用的工具。

11. 另外可以考虑局部搜索范例，它既可以从头开始解决问题，也可以作为没有负面作用的后处理步骤在其他启发式算法的处理中使用。

12. 如果需要保证正确性，但可以在速度上做出妥协，那么可以回归动态规划编程范例，寻找优于穷举搜索（但仍然是指数级）的准确算法。

13．如果动态规划并不适用，或者自己所实现的动态规划算法速度太慢，那就只有进行祈祷，并对半可靠的"魔盒"进行试验了。对于优化问题，可以尝试把它转换为混合整数规划问题，并用一个 MIP 解决程序来解决它。对于可行性检查问题，可以进行可满足性转换，并用一个 SAT 解决程序来解决它。

附录 ⊂

问题提示和答案

问题 1.1 的答案：（b）、（c）。背包问题（NP 问题）的动态规划算法就是（d）为什么不正确的一个好例子。

问题 1.2 的答案：（c）。第 2 页的脚注②说明了（a）为什么是不正确的。一个图的不同生成树可能具有不同的总成本（例如，如果边的成本是 2 的不同整数次方），因此（b）也是不正确的。（d）的逻辑是存在缺陷的，因为 MST 问题是一个在计算上容易处理的问题，即使图的生成树数量是指数级的。

问题 1.3 的答案：（b）、（d）。答案（c）是不正确的，因为多式项时间内可解决与实际可解决虽然密切相关，但并不是同一个概念。（例如，可以想像一种在输入规模为 n 时运行时间为 $O(n^{100})$ 的算法。）

问题 1.4 的答案：（a）。例如，背包问题的动态规划算法说明了（c）和（d）是不正确的。

问题 1.5 的答案：（e）。对于（a）和（b），转换的方向是错误的。答案（c）是不正确的，因为有些问题（如停机问题）严格来讲比其他问题更难（如 MST 问题）。答案（d）是不正确的，例如当 A 和 B 分别是单源和所有顶点对的最短路径问题时。（e）的正式证明与小测验 1.3 的答案相似。

问题 1.6 的答案：（a）、（b）、（d）。在（a）中，我们可以在不失通用性的前

提下假设背包容量 C 最多为 n^6（为什么？）。对于（b），可以参考问题 2.11。对于（c），这个问题是 NP 问题，即使输入被限制为正整数。

问题 1.7 的提示：为了使用一个 TSP 子程序来解决 TSPP 的一个实例，可以添加一个额外的顶点，通过一条零成本的边与每个原顶点相连。为了使用一个 TSPP 子程序来解决 TSP 的一个实例，首先把一个任意的顶点 v 划分为 2 份副本 v' 和 v''（各自从 v 继承了边成本，并且 $c_{v'v''} = +\infty$）。然后添加两个新顶点 x 和 y，各自通过有限成本的边连接到其他所有顶点，仅有的区别是 $c_{xv'} = c_{yv''} = 0$。

问题 1.8 的提示：按照与深度优先的搜索（从一个任意的顶点开始）相同的顺序访问 G 的顶点就会访问 T 的顶点。证明最终路线的总成本是 $2\sum_{e \in F} a_e$，并且没有其他路线能够实现更低的总成本。

问题 2.1 的答案：（b）。为了证明（a）是错误的，可以考虑 10 台机器，10 个长度为 1 的作业，90 个长度为 6/5 的作业和一个长度为 2 的作业。为了证明（b），可以通过本题的假设说明最大作业的长度最多不超过平均机器负载的 20%，然后代入到公式（2.3）中。

问题 2.2 的答案：（b）。为了证明（a）是错误的，可以使用小测验 2.5 的例子的 16 个元素的变型。最优解决方案应该使用 2 个子集，贪心算法则是 5 个（平局时选择了最坏情况）。对于（b），贪心算法的前 k 次迭代与预算为 k 的 GreedyCoverage 算法匹配。后者的近似正确性保证（定理 2.3）提示了第 1 批 k 次迭代覆盖了 U 的至少 $1 - \frac{1}{e}$ 的元素。下一批的 k 次迭代至少覆盖了第 1 批迭代未覆盖元素的 $1 - \frac{1}{e}$（为什么？）。在 t 批 k 次迭代之后，仍然未覆盖元素的数量最多为 $\left(\frac{1}{e}\right)^t \cdot |U|$。当 $t > \ln|U|$ 时，这个值小于 1，因此这个算法能够在 $O(k \log|U|)$ 次迭代内结束。

问题 2.3 的答案：（c）、（e）、（f）。为了证明（a）和（d）是错误的，取 $C = 100$ 并有 10 件价值为 2 且大小为 10 的物品，另外还有 100 件价值为 1 且大小为 1 的物品。为了证明（b）是错误的，可以考虑有一件物品的大小和价值为 100，另一件物品的价值为 20 且大小为 10。为了证明（c），可以想象允许第 2 种贪心算法采用欺骗的方式使用某件额外物品的一部分来完全填满背包（该物品的价值按比例收取）。使用一个交换参数证明这种欺骗性解决方案的总价值至少不比任何可行解决方案更小。证明前一种贪心算法所返回的组合价值至少与那个欺骗性解决方案一样大（因此两个之中更好的那个解决方案至少达到了最优方案的50%）。为了证明（e）和（f），证明第 2 种贪心算法只错失了那个欺骗性解决方案的 10%（根据值和大小的比率）。

问题 2.4 的答案：（a）。这个算法的 while 主循环在每次迭代时选择输入图的一条边。设 M 表示选中的边集合。这个算法所返回的子集 S 包含了 $2|M|$ 个顶点。M 中不存在两条边共享同一个端点（为什么？），因此每个可行解决方案至少必须包含 $|M|$ 个顶点（M 中每条边上的一个端点）。

问题 2.5 的答案：（c）。局部搜索算法最终会在找到一个局部最优解决方案时结束。

问题 2.6 的提示：在一个堆中为每台机器存储一个对象，键等于该机器的当前负载。每台机器的负载更新可以简化为一个 ExtractMin 操作加上更新后的键值的 Insert 操作。

问题 2.7 的提示：对于（a），可以忽略作业 j 之后的所有作业（为什么？）。证明，如果 $\ell_j > M^*/3$，每台机器被分配前 j 个作业的 1 个或 2 个，每台机器上最长的作业各就其位之后，剩余的作业在剩余的机器上实现了最优的配对。对于（b），可以使用公式（2.3）。

问题 2.8 的提示：对于（a），可以使用一个 $k^{k-1} \times k^{k-1}$ 的元素网格和 $2k-1$ 个子集。对于（b），可以用每个元素的一组 n 份副本对它进行替换（每个元素和原来一样属于同一个子集）。通过在其中一组中添加一份额外的副本来消除平局。N 的选择应该依赖于 ϵ。

问题 2.9 的提示：例如，对于一个预算为 k 的最大覆盖问题的实例，基础子集 $U = \{1,2,3,4\}$，子集 $A_1 = \{1,2\}$，$A_2 = \{3,4\}$，$A_3 = \{2,4\}$，用图 1 所示的有向图以及激活概率 $p = 1$ 和相同的预算 k 来表示这个实例。

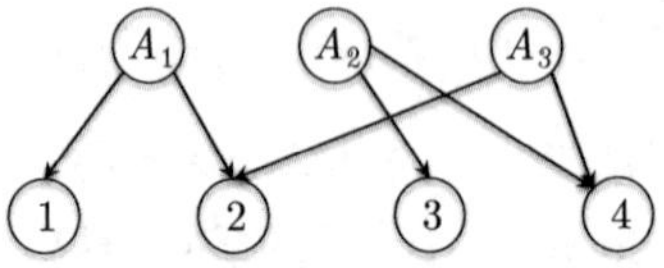

图 1　有向图

问题 2.10 的提示：对于（a），直接对覆盖函数的属性进行验证并使用辅助结论 2.5。对于（b），主要的工具是辅助结论 2.4 和辅助结论 2.6 的通用版本，尤其是式（2.7）和式（2.15）。设 S^* 表示一个最优解决方案，S_{j-1} 是这个贪心算法所选择的前 $j-1$ 个对象。观察这些不等式的一种方法是把右边看成将 $S^* - S_{j-1}$ 中的对象以任意顺序逐个添加到 S_{j-1} 时的连续边缘值之和。左边则表示 $S^* - S_{j-1}$ 中的每个对象完全独立地添加到 S_{j-1} 时的边缘值之和。子模性（submodularity）提示了前面之和中的每一项都不会超过后者。这个证明中非负性和单调性是如何显示的？

问题 2.11 的提示：对于（a），对于某个 $i \in \{0, 1, 2, \cdots, n\}$ 和 $x \in \{0, 1, 2, \cdots, n \cdot v_{max}\}$，每个子问题计算总价值至少为 x 的前 i 项所组成的子集的最小总大小（如果不存在这样的子集，则为 $+\infty$）。关于完整的解决方案，可以观看 algorithmsilluminated 网站的奖励视频。

问题 2.12 的提示：对于（a），每条路线可以看成一条汉密尔顿路径（作为一棵生成树，它的总成本至少是 MST 的总成本）加上一条额外的边（根据假设，它具有非负的成本）。对于（b），使用三角不等式来证明所构建的树 TSP 实例中的所有边成本至少与给定的度量 TSP 实例一样大。使用问题 1.8 的答案，可以得出结论，计算所得的路径的总成本最多为 T 这个 MST 问题的两倍。

问题 2.13 的提示：例如，使用一个邻接矩阵表示这个图（其中的元素用边的成本进行编码），并用一个双链表表示当前的路线。

问题 2.14 的答案：对于（a），目标函数值总是 0 和 $|E|$ 之间的一个整数，并且它在每次迭代时至少增加 1。对于（b），可以考虑一个局部最优解。对于每个顶点 $v \in S_i$ 和 $j \neq i$ 的组 S_j，v 和 S_i 的顶点之间的边数最多为 v 和 S_j 之间的边数（为什么？）。把这 $|V| \cdot (k-1)$ 个不等式相加并重新整理就完成了论证。

问题 3.1 的答案：（c）。

问题 3.2 的答案：列以 $V - \{a\}$ 中的顶点为索引，行以包含 a 以及至少 1 个其他顶点的子集 S 为索引，如图 2 所示。

问题 3.3 的答案：（b）。在从 1 到 w 的最低成本的 $(i-1)$ 跳路径 P 后面添加一条边 (w, v)，从而在 P 已经访问了 v 的情况下创建了一个环路。

$\{a,b\}$	1	N/A	N/A	N/A
$\{a,c\}$	N/A	4	N/A	N/A
$\{a,d\}$	N/A	N/A	5	N/A
$\{a,e\}$	N/A	N/A	N/A	10
$\{a,b,c\}$	6	3	N/A	N/A
$\{a,b,d\}$	11	N/A	7	N/A
$\{a,b,e\}$	13	N/A	N/A	4
$\{a,c,d\}$	N/A	12	11	N/A
$\{a,c,e\}$	N/A	18	N/A	12
$\{a,d,e\}$	N/A	N/A	19	14
$\{a,b,c,d\}$	14	13	10	N/A
$\{a,b,c,e\}$	15	12	N/A	9
$\{a,b,d,e\}$	17	N/A	13	14
$\{a,c,d,e\}$	N/A	22	21	20
$\{a,b,c,d,e\}$	23	19	18	17
	b	c	d	e

图 2　索引示例

问题 3.4 的答案：（a）、（b）、（c）、（d）、（e）。

问题 3.5 的答案：列以顶点为索引，行以颜色的非空子集为索引，如图 3 所示。

$\{R\}$	0	0	$+\infty$	$+\infty$	$+\infty$	$+\infty$	$+\infty$	$+\infty$
$\{G\}$	$+\infty$	$+\infty$	0	0	$+\infty$	$+\infty$	$+\infty$	$+\infty$
$\{B\}$	$+\infty$	$+\infty$	$+\infty$	$+\infty$	0	0	$+\infty$	$+\infty$
$\{Y\}$	$+\infty$	$+\infty$	$+\infty$	$+\infty$	$+\infty$	$+\infty$	0	0
$\{R,G\}$	1	4	1	4	$+\infty$	$+\infty$	$+\infty$	$+\infty$
$\{R,B\}$	2	6	$+\infty$	$+\infty$	6	2	$+\infty$	$+\infty$
$\{R,Y\}$	$+\infty$	$+\infty$	$+\infty$	$+\infty$	$+\infty$	$+\infty$	$+\infty$	$+\infty$
$\{G,B\}$	$+\infty$	$+\infty$	7	3	7	3	$+\infty$	$+\infty$
$\{G,Y\}$	$+\infty$	$+\infty$	8	5	$+\infty$	$+\infty$	5	8
$\{B,Y\}$	$+\infty$	$+\infty$	$+\infty$	$+\infty$	9	10	9	10
$\{R,G,B\}$	5	7	3	5	8	3	$+\infty$	$+\infty$
$\{R,G,Y\}$	9	9	$+\infty$	$+\infty$	$+\infty$	$+\infty$	9	9
$\{R,B,Y\}$	12	15	$+\infty$	$+\infty$	$+\infty$	$+\infty$	15	12
$\{G,B,Y\}$	$+\infty$	$+\infty$	16	13	14	8	8	13
$\{R,G,B,Y\}$	10	17	13	19	15	11	10	11
	a	b	c	d	e	f	g	h

图 3　索引示例

问题 3.6 的提示：在公式（3.6）中实现了最低成本的任何顶点 j 看上去位于某条最优路线上。在公式（3.4）中实现最低成本的顶点 k 在这样的路线中是 j 的直接前驱。这条路线的剩余部分可以按照相反的顺序以类似的方式进行重建。为了实现线性运行时间，可以对 Bellman-Held-Karp 算法进行修改，使它用一个顶点对每个子问题进行缓存，该顶点可在用于计算子问题解决方案的推导公式（3.5）中实现最低成本。

问题 3.7 的提示：修改 PanchromaticPath 算法，使它用一条边（w, v）对每个子问题进行缓存，该边可在用于计算子问题解决方案的推导公式（3.7）中实现最低成本。另外，对伪码最后一行中实现最低成本的顶点进行缓存。

问题 3.8 的提示：在计算了所有大小为（$s+1$）的子问题的解决方案之后就放弃大小为 s 的子问题的解决方案。使用 Stirling 近似公式（3.1）来估计 $\binom{n}{n/2}$。

问题 3.9 的答案如下。

（a）用 x_v 表示顶点 v 是否包含在解决方案中：

最大化 $\qquad\qquad \sum_{v \in V} w_v x_v$

受到的约束条件 $\qquad x_u + x_v \leqslant 1$ $\qquad$【对于每条边 $(u,v) \in E$】

$\qquad\qquad\qquad\quad x_v \in \{0,1\}$ $\qquad\quad$【对于每条顶点 $v \in V$】

（b）用 x_{ij} 表示作业 j 是否被分配给机器 i，M 表示对应调度的完成工时：[①]

最小化 $\qquad\qquad M$

受到的约束条件 $\qquad \sum_{j=1}^{n} \ell_j x_{ij} \leqslant M$ $\qquad$【对于每台机器 i】

$\qquad\qquad\qquad\quad \sum_{j=1}^{m} x_{ij} = 1$ $\qquad\quad$【对于每个作业 j】

$\qquad\qquad\qquad\quad x_{ij} \in \{0,1\}$ $\qquad\quad$【对于每台机器 i 和作业 j】

---

① 如果读者对两边都有决策变量的约束条件感到困惑，那么可以把它们改写为 $\sum_{j=1}^{n} \ell_j x_{ij} - M \leqslant 0$【对于每台机器 i】。这些约束条件迫使 M 至少与最大机器负载一样大。在 MIP 的任何最优解决方案中，必须保持相等性（为什么？）。

$$M \in \mathbb{R}$$

（c）用 x_i 表示子集 A_i 是否包含在解决方案中，用 y_e 表示元素 e 是否属于一个被选中的子集：[①]

最大化 $\qquad\qquad \sum_{e \in U} y_e$

受到的约束条件 $\qquad y_e \leqslant \sum_{i:e \in A_i} x_i$ 　【对于每个元素 $e \in U$】

$\qquad\qquad\qquad\quad \sum_{i=1}^{m} x_i = k$

$\qquad\qquad\qquad\quad x_i, y_e \in \{0,1\}$ 　【对于每个子集 A_i 和元素 e】

问题 3.10 的提示：对于（a），把路线固定为某个方向，当 j 是 i 的直接后继时，把 x_{ij} 设置为 1，否则设置为 0。对于（b），说明两个（或更多个）加起来访问了所有顶点的不相邻有向环的并集也可以转换为 MIP 的一个可行解决方案。对于（c），如果边 (i, j) 是该路线的第 ℓ 个跳跃（从顶点 1 出发），设置 $y_{ij} = n - \ell$。对于（d），证明每个可行解决方案都具有（c）所构建的形式。

问题 3.11 的提示：例如，把约束条件 $x_1 \vee \neg x_2 \vee x_3$ 表达为 $y_1 + (1 - y_2) + y_3 \geqslant 1$，其中 y_i 是值为 0 或 1 的决策变量。（使用一个占位符目标函数，类似常量 0。）

问题 3.12 的提示：首先对这个 2-SAT 实例进行预处理，使每个约束条件正好具有 2 个文字。（一种粗糙的技巧是把 x_i 这样的约束条件改写为两个约束条件 $x_i \vee z$ 和 $x_i \vee \neg z$，其中 z 是一个新增的决策变量。一种更实用的解决方案是迭代地消除单文字的约束条件，这种约束条件会进行变量赋值，因此可以扩展为涉及该变量的其他任何约束条件。）当只剩下两个文字的约束条件时，关键的技巧是计算一个适当的有向图的强连通分量（可以在线性时间内完成，参见"算法详解"系列图书第 2 卷的第 2 章）。如果我们的图具有 $2n$ 个顶点（每个文字 1 个顶点）和 $2m$ 条有向边，就走在了正确的轨道上。给定的 2-SAT 实例当且仅当每个文字与它的相反值位于不同的连通分量时才是可行的。

问题 3.13 的提示：对于（b），可以回顾公式（3.10）。对于（c），使用 ta*

---

① 当没有任何一个包含 e 的子集被选中时，第 1 个约束条件迫使 $y_e = 0$。（如果选中了一个这样的子集，y_e 在每个最优解决方案中都等于 1。）

满足这个约束条件而 ta 不满足。对于（d），使用一组真值指派和它的相反结果具有同等可能性这个事实。对于（f），对于常量 d，$O\left((\sqrt{3})^n n^d \ln\frac{1}{\delta}\right)$ 形式的运行时间边界相当于 $O\left((1.74)^n \ln\frac{1}{\delta}\right)$（因为任何指数级函数的增长速度要快于任何多项式函数）。

问题 4.1 的答案：（d）。无向汉密尔顿路径问题可以转化为（a）～（c）的每个问题。（d）中的问题可以使用 Bellman-Ford 最短路径算法的一种变型在多项式时间内解决（参见"算法详解"系列图书第 3 卷的第 6 章）。

问题 4.2 的答案：（a）、（b）。（a）和（b）中的问题都可以转化为没有负环的所有顶点对的最短路径问题（对于（b），把所有边的长度乘以-1），可以使用 Floyd-Warshall 算法在多项式时间内解决（参见"算法详解"系列图书第 3 卷的第 6 章）。有向汉密尔顿问题可以转化为（c）中的问题，证明后者（以及（d）中更基本的问题）是 NP 问题。

问题 4.3 的答案：（a）、（b）、（c）、（d）。对于（b），如果决策版本的预定子程序返回"否"，就报告"没有解决方案"。如果它返回"是"，就使用这个子程序反复地删除 s 的外向边，但一直不删除会把它的答案变成"否"的边。最终，只有外向边(s, v)会被保留。从 v 开始重复这个过程。对于（d），对目标总成本 C 执行二分搜索。运行时间与顶点的数量以及表达边成本所需的数字位数（本身又与输入规模呈多项式关系）呈多项式关系。

问题 4.4 的提示：对存在或不存在的边进行切换。

问题 4.5 的提示：顶点的子集 S 当且仅当它的补集 V–S 是独立子集时才是顶点覆盖。

问题 4.6 的提示：为每个顶点使用一个子集，该子集包含顶点的关联边。

问题 4.7 的提示：使用 t 作为背包的容量。使用 a_i 同时作为物品 i 的值和大小。

问题 4.8 的答案：对于给定的集合，系统调用最大覆盖问题的子程序，并连续地增加预算 k = 1, 2, …, m。当子程序第 1 次返回覆盖整个 U 的 k 个子集时，这些子集就组成了给定的集合覆盖实例的最优解决方案。

问题 4.9 的提示：为了把无向版本转化为有向版本，可以把每条无向边(v, w)替换为两条有向边(v, w)和(w, v)。如果是相反方向的转化，可以对每个顶点执行图 4 所示的操作。

图 4　转化

问题 4.10 的提示：对于（a），输入中增加一个额外的数。对于（b），使用a_i作为作业的长度。

问题 4.11 的提示：在顶点分别称为t（表示"真"）、f（表示"假"）和o（表示"其他"）的三角形开始。对给定的 3-SAT 实例中的每个变量x_i增加两个顶点v_i、w_i，并将它们与o连接在一起组成一个三角形。在每个 3-着色问题中，v_i和w_i要么分别作为t和f具有相同的颜色（翻译为$x_i :=$ 真），要么分别作为f和t，具有相同的颜色（解释为$x_i :=$ 假）。使用"输入"在左、"输出"在右形式的子图实现一个两文字析取式。把两个这样的子图融合在一起实现一个三文字析取式，如图 5 所示。

问题 4.12 的提示：（b）部分直接来自于定理 4.4的证明中的转化。对于（a）部分，在这个转化中把每条边的成本加上 1。

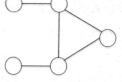

图 5　三文字析取式

问题 5.1 的答案：（a）、（b）。对于（a），就我们所知，TSP（据说）可以在多项式时间内解决。对于（b），就我们所知，P≠NP 是成立的，但指数级时间假设是错误的。对于（c），参见问题 5.5。对于（d），如果任何 NP 完全问题是多项式时间可解决的，则 P = NP 并且所有这类问题都是多项式时间可解决的。

问题 5.2 的答案：由于 TSP 是 NP 问题（定理 4.4），因此每个 NP 问题都可以转化为它。因此，如果 Edmonds 的猜想是错误的（即 TSP 存在一种多项式时间的算法），则 P = NP 成立。反过来说，如果 P = NP 成立，则 TSP 的搜索版本（也属于 NP）将是多项式时间可解决的。TSP 的优化版本可以通过二分搜索转化为搜索版本（问题 4.3），因此也是多项式时间可解决的，从而否定了 Edmonds 的猜想。

问题 5.3 的答案：它们都可以（读者可以进行验证）。

问题 5.4 的提示：对于（a），合成转化。对于（c），把两个预处理过程和两个后处理过程串联在一起。为了确定运行时间，可以像问题 1.3 的答案一样进行论证。

问题 5.5 的答案：对于（a），存在从 3-SAT 到 PADDED 3-SAT 的 Levin 转化（增加一个新顶点并进行适当的填充）。对于（b），检查（在线性时间内）输入是否已填满。如果是，使用穷举搜索计算一组可满足的真值指派或者表示不存在这样的真值指派。由于填充实例的规模 N 至少为 n^2，因此这种穷举搜索的运行时间是 $2^{O(n)} = 2^{O(\sqrt{N})}$。

问题 5.6 的提示：借用前一个问题的技巧，填充数量是超多项式级的，但又低于指数级。说明填充问题如果存在一种多项式时间的算法就会否认指数级时间假设。使用填充问题可以在亚指数级时间内解决（为什么？）这个结论，证明从 3-SAT 问题到填充问题的（Cook）转化也否定了指数级时间假设。

问题 5.7 的提示：对于（a）部分，运行宽度优先的搜索 n 次，起始顶点的每个选择都运行一次。对于（b）部分，把给定的 k-SAT 实例的 n 个顶点划分为两个分别有 $n/2$ 个顶点的组。对第 1 组中的变量的 $2^{n/2}$ 组可能的真值指派各用一个变量表示，对第 2 组也进行类似的操作。把两组 $2^{n/2}$ 个顶点的集合分别称为 A 和 B。m 个约束条件中的每一个都用一个顶点表示，另外再加上两个称为 s 和 t 的顶点。把这 $m+2$ 个顶点的集合称为 C，并定义 $V = A \cup B \cup C$。（问题：m 作为 n 和 k 的函数，可以有多大？）在 C 中每一对顶点之间加上一条边，在 A 的 s 和每个顶点之间加上一条边，在 B 的 t 和每个顶点之间加上一条边。通过把 A 或 B 的一个顶点 v 与对应于"当且仅当 v 所表示的 $n/2$ 个变量赋值都不满足与 w 对应的约束条件"这个约束条件的顶点 w 相连而完成边集 E。证明 $G = (V, E)$ 的直径是 3 或 2，取决于给定的 k-SAT 实例是可满足的还是不可满足的。

问题 6.1 的答案：（c）。

问题 6.2 的答案：（c）、（d）。在 FCCDescendingClock 算法的每个回合中，

如果最多只有 1 个处于不确定状态的电视台 v 将拒绝这个回答的报价（由于 w_v 第一次超过 $\beta_v \cdot p$），处理顺序并不会影响哪些电视台被保留在空中（为什么？）。[①] 当电视台的比率 w_v / β_v 各不相同时，这个条件可以通过取足够小的 ϵ 值来实现。因此，答案（c）和（d）是正确的。如果两家电视台平静地在同一回合出局，可能是因为电视台的比率 w_v / β_v 相同或者因为 ϵ 值不够小，不同的顺序一般会导致不同的输出（可以进行验证）。因此，答案（a）和（b）是错误的。

问题 6.3 的答案：未必，因为广播公司在有些情况下可能会与系统博弈，拒绝高于电视台价值的报价，以图获得更高的报价。（例如，如果一家处于不确定状态的电视台 v 的老板知道了集合 $S \cup \{v\}$ 已经是不可安置的，那么这位老板总会拒绝他所收到的下一份报价。）

问题 6.4 的提示：对于（a），当算法在目前为止的解决方案 S 中包含了 v 时，它在最多还剩下 Δ 个其他顶点并且每个顶点的权重不超过 w_v 时不再予以考虑。因此 $\sum_{v \notin S} w_v \leqslant \sum_{v \notin S} \Delta \cdot w_v$，从而提示了题中指定的下界。对于（b），对于 $v \in S$，设 $X(v)$ 表示在 S 中包含了 v 之后不再需要考虑的顶点。也就是说，当 v 是 u 添加到 S 时的第 1 个邻居或者 u 是 v 本身时，$u \in X(v)$。根据算法的贪心标准，当它在 S 中包含了 v 时，$w_v \geqslant \sum_{u \in X(v)} w_u / (\deg(u) + 1)$。由于正好存在一个顶点 $v \in S$，使每个顶点 $u \in V$ 属于集合 $X(v)$，因此

$$\sum_{v \in S} w_v \geqslant \sum_{v \in S} \sum_{u \in X(v)} \frac{w_u}{\deg(u) + 1} = \sum_{u \in V} \frac{w_u}{\deg(u) + 1} \geqslant \frac{\sum_{u \in V} w_u}{\Delta + 1}$$

[①] 就算在这种情况下，支付给电视台的补偿可能依赖于处理的顺序（为什么？）。